T0206306

BestMasters

Mit „BestMasters" zeichnet Springer die besten Masterarbeiten aus, die an renommierten Hochschulen in Deutschland, Österreich und der Schweiz entstanden sind. Die mit Höchstnote ausgezeichneten Arbeiten wurden durch Gutachter zur Veröffentlichung empfohlen und behandeln aktuelle Themen aus unterschiedlichen Fachgebieten der Naturwissenschaften, Psychologie, Technik und Wirtschaftswissenschaften.
Die Reihe wendet sich an Praktiker und Wissenschaftler gleichermaßen und soll insbesondere auch Nachwuchswissenschaftlern Orientierung geben.

Florian Jomrich

Nahtloser Handover in drahtlosen Fahrzeug-Kommunikationsnetzen

Entwicklung eines Protokollentwurfs für den Einsatz in bestehenden Netzwerken

Florian Jomrich
Darmstadt, Deutschland

BestMasters
ISBN 978-3-658-13300-9 ISBN 978-3-658-13301-6 (eBook)
DOI 10.1007/978-3-658-13301-6

Die Deutsche Nationalbibliothek verzeichnet diese Publikation in der Deutschen Nationalbibliografie; detaillierte bibliografische Daten sind im Internet über http://dnb.d-nb.de abrufbar.

Springer Vieweg
© Springer Fachmedien Wiesbaden 2016
Das Werk einschließlich aller seiner Teile ist urheberrechtlich geschützt. Jede Verwertung, die nicht ausdrücklich vom Urheberrechtsgesetz zugelassen ist, bedarf der vorherigen Zustimmung des Verlags. Das gilt insbesondere für Vervielfältigungen, Bearbeitungen, Übersetzungen, Mikroverfilmungen und die Einspeicherung und Verarbeitung in elektronischen Systemen.
Die Wiedergabe von Gebrauchsnamen, Handelsnamen, Warenbezeichnungen usw. in diesem Werk berechtigt auch ohne besondere Kennzeichnung nicht zu der Annahme, dass solche Namen im Sinne der Warenzeichen- und Markenschutz-Gesetzgebung als frei zu betrachten wären und daher von jedermann benutzt werden dürften.
Der Verlag, die Autoren und die Herausgeber gehen davon aus, dass die Angaben und Informationen in diesem Werk zum Zeitpunkt der Veröffentlichung vollständig und korrekt sind. Weder der Verlag noch die Autoren oder die Herausgeber übernehmen, ausdrücklich oder implizit, Gewähr für den Inhalt des Werkes, etwaige Fehler oder Äußerungen.

Gedruckt auf säurefreiem und chlorfrei gebleichtem Papier

Springer Vieweg ist Teil von Springer Nature
Die eingetragene Gesellschaft ist Springer Fachmedien Wiesbaden GmbH

Institutsprofil

Das Fachgebiet Multimedia Kommunikation der TU Darmstadt existiert seit 1996 und ist im Fachbereich Elektrotechnik und Informationstechnik angesiedelt. Seit der Gründung verfolgt KOM, unter der Leitung von Prof. Steinmetz, die Vision der nahtlosen Kommunikation, mit Hilfe derer Menschen überall auf der Welt unabhängig von ihrem Standort effektiv zusammenarbeiten können. Verschiedene Arbeitsgruppen arbeiten vor allem an Anpassungsmechanismen im Zusammenhang mit IP-basierten Netzwerkinfrastrukturen, verteilter Sensorik und kontextabhängigen und personalisierten Anwendungen.

Geleitwort

Die technische Entwicklung und die durch den Aufbau des Internets induzierte immer weiter verstärkte Vernetzung der Menschen untereinander haben einen fundamentalen Einfluss auf unser tägliches Leben genommen. Mobile Endgeräte, wie z.B. Smartphones oder Tablets, ermöglichen es ihren Nutzern ständig und überall miteinander in Kontakt zu treten.

Im Bereich der mobilen Kommunikation, bei der die beteiligten Kommunikationspartner im Verlauf der Verbindung fortwährend ihren Standort ändern, ergeben sich neue Herausforderungen, die von den heute üblichen Transportprotokollen des Internets (z.B. TCP und UDP) nicht zufriedenstellend gelöst werden können. Bei der Konzeption dieser Protokolle in den Anfangszeiten der Computernetzwerke wurde von einer statischen Kabel-Verbindung der beteiligten Rechner untereinander ausgegangen. Kabellose Funkverbindungen oder die potentielle Mobilität der zu verbindenden Geräte fanden keine wirkliche Berücksichtigung.

Mit dem in der letzten Dekade einsetzenden Wandel hin zur mobilen drahtlosen Kommunikation in heterogenen IP-basierten Kommunikationsnetzen wird daher die Entwicklung neuer Protokolle notwendig. Dies muss jedoch weiterhin unter Berücksichtigung der bereits bestehenden Netzwerke und Infrastruktur geschehen.

Im Rahmen seiner Masterarbeit entwickelte Herr Jomrich einen Protokollentwurf (das sog. Proxyunloading-Protokoll), der den für eine unterbrechungsfreie mobile Kommunikation notwendigen nahtlosen Handover ermöglicht. Im Vergleich zu anderen Protokollen wie z.B. MPTCP, Shim6 oder HIP, die ein ähnliches Ziel verfolgen, legte er dabei besonderes Gewicht auf die vollständige Abwärtskompatibilität zu bestehender Infrastruktur und existierenden Transport-Protokollen bei einer gleichzeitig hervorragenden Performanz. Durch die Verwendung eines Proxy-Servers wurde die Abwärtskompatibilät zu den bestehenden Legacy-Systemen und Protokollen gewährleistet. Durch einen innovativen

Publish-Subscribe Mechanismus wurde die Menge der zur Steuerung der Datenflüsse notwendigen Kontrollnachrichten minimiert.

Als konkretes Szenario für die Betrachtung im Rahmen seiner Arbeit wählte er die Anbindung eines Automobils an das Internet. Die Fahrzeugkommunikation bietet sich zur Betrachtung besonders gut an, da sie hohe Anforderungen an die zum Einsatz kommenden Protokolle stellt. Abbruch und Neuaufbau bestehender Internetverbindungen geschehen sehr häufig. Die Zeit in der eine stabile Internetverbindung besteht und in der eine Datenübertragung möglich ist, ist dagegen verhältnismäßig kurz.

Insgesamt adressiert Herr Jomrich mit seiner Arbeit ein aktuelles Thema von hoher praktischer Relevanz. Das gilt insbesondere für das Szenario der Kommunikation aus dem Fahrzeug und zwischen Fahrzeugen (Car-to-Car), mit dem sich derzeit national wie international viele Forschungs- und Entwicklungsgruppen an Hochschulen und in der Industrie beschäftigen.

Professor Dr.-Ing. Ralf Steinmetz

Danksagung

Bei meinem Betreuer Tobias Rückelt bedanke ich mich ganz herzlich für dessen vielfältige und zeitaufwändige Unterstützung.

Die fordernde und fördernde Zusammenarbeit mit ihm hat mich meine Master-Thesis als eine wissenschaftliche Leistung begreifen lassen, die nur in Teamarbeit so gut lösbar war. Sollte im folgenden Text „wir" oder „uns" geschrieben stehen, so beschreibe ich damit die von uns als Team geleistete Forschungsarbeit.

Meinen besonderen Dank richte ich auch an die Adam Opel AG in Rüsselsheim. Dort konnte ich mich während eines sechsmonatigen Praktikums in die Thematik der Master-Thesis einarbeiten und erhielt wertvolle Unterstützung von verschiedenen Mitarbeitern.

Schließlich bedanke ich mich bei Professor Steinmetz, der es mir ermöglichte meine wissenschaftliche Arbeit an seinem Lehrstuhl im Fachgebiet Multimediakommunikation zu schreiben.

Inhaltsverzeichnis

Abbildungsverzeichnis

Tabellenverzeichnis

Tabellenverzeichnis

Abstract

Die sich mit der voranschreitenden technischen Entwicklung immer weiter verstärkende mobile Datenkommunikation stellt die bisher bestehende Telekommunikationsinfrastruktur und die dafür konzipierten Protokolle vor neue Herausforderungen. Bei deren ursprünglichen Entwicklung angenommene Voraussetzungen, wie eine dauerhafte Verbindung zwischen stationären Hosts, werden nun durch die Mobilität der Kommunikationspartner nicht mehr erfüllt. Sie verursacht Verbindungsabbrüche, durch die die bisher eingesetzten Protokolle keine stabile Datenübertragung mehr aufrecht erhalten können. Neue Ansätze und Protokolle müssen entwickelt werden, um dem veränderten Nutzungsverhalten gerecht zu werden. Nur so kann eine mit der klassischen Datenübertragung vergleichbare Verbindungsqualität sichergestellt werden.

In der vorliegenden Arbeit befasse ich mich mit der Konzeption und Simulation des für den Zweck der mobilen Kommunikation erdachten Proxy-Unloading-Protokolls. Als konkretes, praxisrelevantes Anwendungsszenario zur Verifikation des Protokolls wurde dabei das CarToX-Kommunikationsszenario gewählt. Zusätzlich zu den für die mobile Kommunikation notwendigen Eigenschaften gab es noch zwei weitere Schwerpunkte bei der Konzeption. Einerseits ermöglicht das Proxy-Unloading-Protokoll den Datenfluss der an der Kommunikation beteiligten Entitäten konkret zu steuern. Sie können somit auf die Verbindungsschwankungen und -abbrüche aktiv reagieren und dadurch ein performantes und robustes Nutzererlebnis sicherstellen. Andererseits gewährleistet das Protokoll die Kommunikation von Legacy-Servern und Systemen, die es selbst nicht unterstützen, sondern sich auf die klassischen Netzwerk- und Transport-Protokolle beschränken. Sie können durch die Verwendung eines vermittelnden Proxy-Servers, aufgegriffen aus dem ursprünglichen Ansatz des Proxy Mobile IPv6 Protokolls, dennoch mit mobilen Hosts kommunizieren. Im Rahmen der Betrachtung des CarToX-

Kommunikationsszenarios wird damit die Internetanbindung eines Automobils unter Verwendung des Protokolls untersucht.

Ich habe die Leistungsfähigkeit des Protokolls durch theoretische Berechnungen und die konkrete Simulation verifiziert. Die bei der Konzeption angestrebte niedrige Latenz der Datenübertragung und ein effizienter Kontrollfluss für dessen Steuerung konnte ich dabei erfolgreich nachweisen. Das Proxy-Unloading-Protokoll stellt somit den effizienten mobilen Datenaustausch sicher. Der modulare Aufbau des Protokolls lässt darüber hinaus noch Freiraum für zukünftige erweiternde Konzepte. Schließlich schafft die durch das Protokoll realisierte aktive Datenflusssteuerung gänzlich neue Möglichkeiten für die entscheidende Verbesserung der Verbindungsqualität bei der mobilen Datenübertragung.

Kapitel 1
Einleitung

1.1 Motivation

In der heutigen Zeit erreicht die voranschreitende Technisierung fortwährend neue Bereiche des täglichen Lebens. Dies ist besonders in den vergangenen Jahren durch die rasante Entwicklung des Internets und die damit einhergehende Vernetzung der Menschen untereinander zu beobachten. Das Netz verbindet bereits jetzt viele Bereiche unseres täglichen Lebens. Neue Arten der sozialen Interaktion und Kommunikation werden durch die Medien des Internets ermöglicht. E-Mail, Facebook und Whatsapp gehören hierbei zu den bekanntesten Vertretern. Durch neue mobile Geräte wie z.B. Smartphones, Laptops und Tablets wird die Nutzung dieser Angebote allgegenwärtig. An jedem Ort und zu jeder Zeit kann man darüber mit anderen Menschen in Kontakt treten und sich austauschen. Der Mensch als Individuum erhält in seiner persönlichen Tagesplanung größere Freiheiten. So z.B. finden bereits heute feste Arbeitszeiten und Meeting-Termine durch Home Office und Videokonferenzen eine potentielle Alternative. Innerhalb eines global agierenden Unternehmens ist es oftmals kaum anders möglich Absprachen und Vereinbarungen zu treffen. Aber auch nach Arbeitsende verbindet man sich gerne mit Freunden über das Netz und plant so z.B. die weitere Abendgestaltung.

Neben Arbeit und Freizeit tritt auch das Reisen immer mehr in den Fokus dieser dynamischen „Zeitgestaltung". Das Forschungsgebiet der CarToX-Kommunikation beschäftigt sich in diesem Zusammenhang unter anderem mit der Anbindung eines fahrenden Automobils an das Internet. Lange Autofahrten, vor allem das tägliche Pendeln zum Arbeitsplatz, sollen dadurch sinnvoll genutzt und entspannter für den Fahrer werden.

In der vorliegenden Masterarbeit befasse ich mich mit den Herausforderungen, die durch die mobile Datenkommunikation aufgeworfen werden. Das CarToX-

Kommunikationsszenario wähle ich dabei als konkreten Anwendungsfall, da in seinem Kontext die Anforderungen durch die häufig auftretenden Verbindungsabbrüche besonders hoch sind. Die von mir betrachteten Konzepte lassen sich so auf viele weitere Szenarien der mobilen Kommunikation übertragen. Der Fokus meiner Arbeit liegt dabei aber auf der dynamischen Steuerung und der effizienten Nutzung der verschiedenen Kanäle zur Datenübertragung, die dem Automobil während seiner Fahrt zur Verfügung stehen. Oftmals ist die vorhandene Verbindungsqualität für bestimmte Anwendungen unzureichend. Im Extremfall steht vorübergehend (z.B. in einem Funkloch) überhaupt keine Datenverbindung zur Verfügung. Im Hinblick auf solche Situationen kann die Nutzung entscheidend verbessert werden, wenn ein intelligentes Management der Verbindungsressourcen erfolgt. Durch die schnelle Bewegung des Fahrzeugs kommt es zu einem ständigen Wechsel der verfügbaren Verbindungen. Den damit einhergehenden kurzen Verbindungszeiten und der stark variierenden Verbindungsqualität kann so aktiv entgegen gewirkt werden. Die hierfür notwendige flexible Verbindungsnutzung und ein unterbrechungsfreier Wechsel der Datenverbindung muss durch neue Konzepte gewährleistet werden.

Ziel meiner Arbeit ist es daher die erforderlichen Konzepte in einem eigenen Protokollentwurf umzusetzen und im Anschluss daran zu simulieren.

1.2 Problemstellung

Die beim Aufbau der Internet-Infrastruktur initial erdachten Protokolle zur Steuerung des Datentransports wurden ausschließlich für stationäre Hosts entwickelt. Die durch Endgeräte wie Smartphones oder Laptops in der weiteren Entwicklung hinzugewonnene Mobilität der Internetteilnehmer stellt daher die üblicherweise eingesetzten Protokolle vor zahlreiche neue Anforderungen, die sie nicht oder nur unzureichend erfüllen können. Viele gängige Protokolle sind so z.B. nicht multihoming-fähig (siehe Abschnitt 2.3). Sie können nicht mit mehreren Verbindungen gleichzeitig operieren. Eine unterbrechungsfreie Datenübertragung ist mit ihnen daher nicht zu realisieren. Zudem wird das Verbindungsmanagement bei den meisten Protokollen getrennt voneinander betrachtet. Jede Verbindung wird für sich gesehen aufgebaut und auch wieder beendet. Dies führt zu sehr vielen redundanten Kontrolldaten, die vor, während und nach der eigentlichen Datenübertragung gesendet werden müssen. Vermeidbare Kosten bei der Übertragung dieser Daten über die teure Luftschnittstelle zwischen mobilem Host und dem Backend des Netzes sind die Folge. Auch die bisher von Protokollen (wie z.B. TCP) eingesetzten Mechanismen zur Datenflusskontrolle sind für die durch die Mobilität der Hosts rasch wechselnde Verbindungsqualität oft zu träge. Sämtliche Szenarien, in denen mobile Hosts untereinander durch die beschriebenen heterogenen Netze miteinander kommunizieren, sind mit diesen Problemen konfrontiert und können von Lösungsansätzen profitieren.

Das CarToX-Kommunikationsszenario ist ein sehr gutes Anwendungsbeispiel dafür, da es hinsichtlich der zu berücksichtigenden Mobilität der Hosts und die Anzahl der dadurch auftretenden Verbindungswechsel besonders hohe Anforderungen an das zu konzipierende Protokoll stellt. Der Fahrer soll das Internet auch während der Autofahrt nutzen können, um z.B. E-Mails oder Chat-Nachrichten zu empfangen oder die Musik eines Internetradios zu hören. Die Nutzungsmöglichkeiten sollen dabei explizit nicht auf konkrete Anwendungsszenarien beschränkt werden, sondern dem Funktionsumfang einer stationären Internetverbindung gleichkommen. Die Anbindung des Autos an das Netz (siehe Abbildung: 1.1) erfolgt hierbei einerseits über eine Mobilfunk-Schnittstelle, wie man sie vom Smartphone kennt. Andererseits besitzt das Auto auch die Möglichkeit eine spezielle WLAN-Verbindung zwischen sich und den entlang der Fahrbahn aufgebauten Zugriffspunkten (eng. Road-Side-Units) zu etablieren. Hierfür existiert bereits die angepasste Wireless-Lan-Spezifikation 802.11p [28]. Die hohen Geschwindigkeiten, mit denen sich das Fahrzeug unter Umständen fortbewegt, lassen jedoch häufig nur ein sehr schmales Zeitfenster zu [47], in dem das Fahrzeug sich in Reichweite der WLAN-Punkte (rot und blau) befindet und diese nutzen kann. In der übrigen Zeit steht ggf. nur die Mobilfunkverbindung (grün) zur Verwendung zur Verfügung.

Klassische Internetprotokolle wie das Transmission Control Protocol (TCP) sind nicht in der Lage unter diesen neuen Umgebungsbedingungen eine sinnvoll nutzbare Internetverbindung aufrecht zu erhalten. Protokollansätze wie z.B. Mobile IPv6 oder Multi Path TCP versuchen diese Lücke durch alternative Ansätze wie z.B. das make-before-break-Konzept (siehe Abschnitt 2.5) zu schließen. Hierbei wird eine neue Datenverbindung bereits aufgebaut, sobald ein neuer Zugriffspunkt in die Reichweite des mobilen Hosts gelangt. Bevor dann die alte Datenverbindung aufgrund von sinkender Empfangsqualität abbricht, kann die weitere Übertragung bereits über die neue Verbindung erfolgen.

Hierbei gilt es zu beachten, dass viele im Hinblick auf die Mobilität konzipierte Protokolle zwar neue interessante Konzepte einbringen. Die bereits vorhandene Infrastruktur der Netze und die eingesetzte Hardware wird dabei oft jedoch zu wenig berücksichtigt. Eine tatsächliche Umsetzung dieser Protokolle zur Anbindung von mobilen Clients an das Internet ist daher mit hohen Kosten für den Umbau der bestehenden Netze verbunden. Dieser entscheidende Sachverhalt muss bei der Konzeption eines Protokolls berücksichtigt werden.

Neue Ideen und Lösungsansätze sind daher notwendig, um die aufgezählten Probleme auch unter Beibehaltung der vorhandenen Rahmenbedingungen zu bewältigen und das Ziel der gewünschten mobilen Kommunikation dennoch zu erreichen.

1.3 Ziele der Arbeit

Ziel meiner Masterarbeit ist ein eigenständiger Protokollentwurf zur Anbindung eines mobilen Clients an das Internet unter Verwendung von heterogenen IP-Netzen. Als konkreten Kontext zur Betrachtung dieses allgemeinen Problems habe ich das CarToX-Kommunikationsszenarios gewählt. Basis meines Protokolls muss die Gewährleistung einer stabilen, dauerhaften Verbindung sein, wie dies auch bereits bei anderen neu entwickelten Protokollen sicher gestellt wird (siehe hierfür Kapitel 4). Den ersten Schwerpunkt meiner Arbeit lege ich auf die dynamische Steuerung der auftretenden Datenflüsse. Das Protokoll bildet die Basis für zukünftige Systeme, die die zu bedienenden Datenströme auf Grundlage der zur Verfügung stehenden Verbindungen effizient koordinieren und ihnen entsprechend ihrer Priorität mehr oder weniger Übertragungsbandbreite einräumen.

Abb. 1.1 Schematische Darstellung des CarToX-Verbindungsszenarios

Dies wird durch den Versand von entsprechenden Kontrollflussnachrichten zur direkten Steuerung des Datenflusses ermöglicht. Durch die Unterstützung des Multihoming-Features wird das Protokoll neben der Gewährleistung eines unterbrechungsfreien Verbindungswechsels somit auch eine konkrete Verteilung auf die unterschiedlichen Verbindungen (Mobilfunk und Car-Wifi) vornehmen können.

Den zweiten Arbeitsschwerpunkt lege ich auf die schnelle und reibungslose Umsetzbarkeit meines Protokolls. Bestehende Legacy Server im Internet sollen keinerlei weitere Anforderungen erfüllen müssen, um mit einem Automobil eine Verbindung zu unterhalten. Gerade hierbei sehe ich in vielen anderen Protokollen die große Schwierigkeit der Akzeptanz bei einer potentiellen zukünftigen Umsetzung.

Der Protokollentwurf soll dabei robust genug sein, um darauf weitere Forschungsprojekte aufbauen zu lassen. Fokus dieser Projekte wird dann das Scheduling der einzelnen Datenflüsse und die Verbindungs-Prediktion, d.h. die Voraussage der zukünftigen Verbindungsqualität, sein. Mein eigener Protokollentwurf muss hierfür Möglichkeiten bereitstellen, um solche Konzepte konkret zu unterstützen.

Alle Funktionen und Eigenschaften des Protokolls sind dabei immer im Hinblick auf eine Maximierung der vom Benutzer erfahrenen Verbindungsqualität ausgerichtet. Hierfür bietet insbesondere die Paket-Priorisierung und die Verteilung der Datenströme entscheidende Vorteile, die ich genauer analysiere. In den bisher im Hinblick auf Mobilität entwickelten Protokollen (Kapitel 4) besteht noch großes und zu weiten Teilen ungenutztes Potential, um das Nutzererlebnis über diese Ansätze entscheidend zu verbessern.

1.4 Struktureller Aufbau der Arbeit

Zu Beginn gebe ich in Kapitel 2 einen kurzen Überblick über die in den folgenden Abschnitten verwendeten Begrifflichkeiten. In Kapitel 3 stelle ich die Anforderungen des abstrakten Mobilitätsszenarios und des konkreten CarToX-Kommunikationsszenarios im Detail vor. Um eine sinnvolle Entscheidungsgrundlage für meine eigene Protokollkonzeption zu schaffen, betrachte ich dann in Kapitel 4 die für das Mobilitätsszenario bereits zur Verfügung stehenden Protokolle. Im Anschluss daran vergleiche ich eingehend die gefundenen Stärken und Schwachpunkte der untersuchten Protokolle untereinander mit dem konkreten Fokus auf ihrem Einsatz innerhalb des CarToX-Kommunikationsszenarios.

Als Folge dieses Vergleichs ziehe ich meine eigenen Schlüsse für den Protokollentwurf und stelle dann mein eigenes Konzept in Kapitel 5 genau vor. Daran anschließend beschreibe ich in Kapitel 6 den ersten Teil meiner Analysephase, die konkrete Implementierung des Protokolls im von uns hierfür ausgewählten Omnet++-Netzwerksimulator. In Kapitel 7 erfolgt dann die theoretische Betrachtung der Leistungsfähigkeit unseres Protokolls in verschiedenen Konfigurationsszenarien und im Vergleich zum Mobilitätsprotokoll Multipath-Tranmission-Control-Protocol. In Kapitel 8 stelle ich das von mir im Rahmen meiner Simulation betrachtete Szenario und dessen Aufbau vor, um das Latenz- und Paketverlustverhalten meines Protokolls genau zu untersuchen. Dabei gehe ich detailliert auf die bei der Betrachtung variierten Parameter ein. Im Anschluss daran stelle ich die durch die Simulation erzielten Ergebnisse vor. Abschnitt 9 gewährt einen Ausblick auf weitere Ideen und zukünftige Forschungstätigkeiten, die sich bei der Bearbeitung meiner Masterarbeit ergeben haben. In Kapitel 10 fasse ich meine Arbeit nochmals kurz zusammen und ziehe ein abschließendes Fazit.

Kapitel 2
Begriffserklärung

Um das Verständnis der folgenden Kapitel zu erleichtern, gebe ich einen kurzen Überblick über die in den kommenden Abschnitten verwendeten Fachbegriffe und Schlüsselworte. Sie werden von mir im weiteren Text als bekannt vorausgesetzt.

2.1 Client-Mobilität

Die Mobilität der Fahrzeuge (Clients) ist grundlegender Bestandteil der CarToX-Kommunikation. Bei der ursprünglichen Konzeption der heute am weitesten verbreiteten Transportprotokolle TCP und User Datagram Protocol (UDP) wurde ein statischer Verbindungspfad zwischen Client und Server angenommen. Diese Annahme ist in der heutigen Zeit von Smartphones, Laptops und besonders im Szenario der CarToX-Kommunikation überholt. Die Fahrzeuge bewegen sich von einem Netzzugangspunkt zum nächsten fort. Dabei sind die Zeiträume, in denen eine Verbindung besteht, aufgrund der sehr hohen Geschwindigkeiten äußerst kurz. Moderne Protokolle, die diesen Sachverhalt unterstützen wollen, müssen dafür entsprechende Mechanismen zur Verfügung stellen, um dem Client eine kontinuierliche Verbindung zum Server zu gewährleisten. Bei einer klassischen stationären Verbindungen erfolgt die dauerhafte Identifikation einer einzelnen Verbindung mittels der für sie momentan verwendeten IP-Adresse. Wegen der durch die Mobilität bedingten schnellen Verbindungswechsel ist dieser Ansatz nun nicht mehr praktikabel. Gebräuchliche Lösungen dieses Problems sind u.a. eine ständige „Buchführung" über die aktuell vergebene IP-Adresse an die jeweiligen Clients oder eine weitere Abstraktions-Ebene zur Verbindungs-identifikation, die zusätzlich zur üblicherweise verwendeten IP-Adresse aufgebaut wird.

2.2 Doppelrolle der IP-Adresse im Mobilitätsszenario

Im heutigen Internet übernimmt die IP-Adresse für jede Verbindung eine Doppelrolle. Zum einen stellt die IP-Adresse eine für die jeweilige Verbindung eindeutige Identifikations-Kennung (eng. Identificator) dar. Zum anderen wird durch sie auch der momentane Standort der jeweiligen Netzknoten lokalisiert (eng. Locator). Bei einer statischen Verbindung ist diese Doppelnutzung generell möglich. Für das Szenario der Mobilität besteht jedoch ein entscheidendes Problem (eng. Locator-Identifier-Problem). Aufgrund der ständig wechselnden Positionen der mobilen Endgeräte ist es nicht mehr möglich beide Aspekte (wie dies z.B. bei Verwendung des Transmission Control Protocols der Fall ist) sinnvoll in der IP-Adresse zu vereinigen. Ein konkretes Beispiel hierfür ist der gleichzeitige Verbindungsaufbau eines modernen Smartphones über WLAN und sein Mobilfunkmodul zu einem Server. Das Gerät bekommt vom Server dafür zwei verschiedene IP-Adressen zugewiesen, für jedes Interface entsprechend eine. Für das Smartphone sind die beiden IP-Adressen lediglich Lokatoren. Der Server dagegen verwendet die IP-Adressen zur Identifikation. Er kann somit nicht feststellen, dass es sich bei beiden IP-Adressen um ein und den selben Client handelt. Neue Konzepte und Überlegungen zur klaren Trennung von Identifikator und Lokatoren einer bestehenden Internetverbindung werden somit notwendig.

2.3 Multihoming

Bei der orginären Konzeption des Internets und der angebundenen Computer / Netzknoten ist man von einem einzelnen kabelgebundenen Verbindungskanal ausgegangen, über den jeder Rechner angeschlossen sein sollte. Diese Annahme ist vollkommen veraltet. Moderne Endgeräte wie z.B. Laptops und Smartphones haben mehrere Möglichkeiten sich mit dem sie versorgenden Netzwerk und darüber ins World-Wide-Web zu verbinden. Dies kann z.B. ein UMTS-Funk-Modul und eine WLAN-Karte sein. Gleiches ist auch im Bereich CarToX möglich. Diesen neuen technische Sachverhalt nennt man Multihoming.
Darunter versteht man, dass ein Endknoten (z.B. das Auto oder ein Notebook) über mehrere Kanäle (WLAN und Mobilfunk) mit dem Netz gleichzeitig verbunden sein kann. Dies dient insbesondere der Ausfallsicherung. Wenn eine der beiden Verbindungen (z.B. im Auto-Szenario durch die Fahrt von A nach B) schwächer werden sollte und möglicherweise ganz ausfällt, ist man trotzdem in der Lage den Datenstrom noch auf dem zweiten zur Verfügung stehenden Datenkanal zu übertragen. Multihoming bietet darüber hinaus die Möglichkeit die

Ressourcen aller Kanäle gleichzeitig zu nutzen. Ein Host kann somit die zur Datenübertragung zur Verfügung stehende Bandbreite wesentlich steigern, falls er die zu übertragenden Daten in mehrere Datenströme aufteilt und diese dann über die verschiedenen Kanäle gleichzeitig überträgt.

2.4 Lastverteilung (Load-Sharing)

Unter dem Begriff Lastverteilung (eng. Load-Sharing) versteht man die konkrete Anwendung des Multihomings zur Optimierung der Datenübertragung. Upper-Layer-Protokolle nutzen dabei alle zur Verfügung stehenden Verbindungskanäle gleichzeitig für ihre Aufgaben. Dadurch wird es möglich z.B. ein Kostenprofil für jede Verbindungsmöglichkeit anzulegen. So z.B. kann günstiges WLAN einer teureren Mobilfunkverbindung vorgezogen werden, sofern es verfügbar ist. Aufgaben, die eine hohe Dringlichkeit aufweisen, können durch die Anwendung von Load-Sharing priorisiert übertragen werden. Andere mit einer geringeren Dringlichkeit können dafür von den Upper-Layer-Protokollen auf einen Kanal mit höherer Latenz umgeleitet werden, um die benötigten Kapazitäten frei zu geben. Die Lastverteilung ermöglicht somit eine ausgewogene und den dynamischen Anforderungen der Upper-Layer-Protokolle angepasste Nutzung der vorhandenen Verbindungskanäle.

2.5 make-before-break-Konzept

Das sog. make-before-break-Konzept ist insbesondere für zeitkritische Anwendungen wie z.B. VoIP im Bereich der mobilen Kommunikation von hoher Relevanz. Es soll sicherstellen, dass Datenpakete aufgrund eines Übergangs von einem derzeit verwendeten Verbindungskanal auf einen neuen Kanal (der sogenannte Handover-Vorgang) möglichst unterbrechungsfrei gesendet werden können. Das am weitesten verbreitete Internetprotokoll „Transmission Control Protocol" ist dazu aber nicht in der Lage. Klassischerweise wird immer nur eine Verbindung zwischen den Parteien gehalten und zur Datenübertragung genutzt. Wenn nun der Wechsel erfolgt, muss zunächst die alte Verbindung abgebaut und danach eine neue Verbindung aufgebaut werden. In der Zwischenzeit ist die Datenverbindung eine gewisse Zeit unterbrochen. Diese Zeit wäre bei einer VoIP-Kommunikation sehr störend und ist daher im Bereich der mobilen Kommunikation unerwünscht. Beim make-before-break-Ansatz ist deshalb das jeweils verwendete Protokoll dazu in der Lage, bereits vor Abbruch der derzeit genutzten Datenverbindung einen neuen Datenkanal zur Gegenstelle aufzubauen. In der Übergangsphase bestehen somit mindestens zwei Verbindungen parallel zueinander. Eine Unterbrechung der Datenübertragung wird damit vermieden.

2.6 Ingress-Filter

Ingress-Filter dienen dazu die von ihnen überwachten Subnetze vor unerwünschtem oder unerlaubtem Datenverkehr zu bewahren. Der Filter selbst ist zu diesem Zweck meist auf den Routern im Netzwerk oder einer Firewall z.B. innerhalb eines Firmennetzes implementiert und verwirft Datenpakete mit ihm unbekannten oder fehlerhaften Absenderadressen. Dadurch wird vermieden, dass unbefugte Dritte aus dem Netz heraus Daten senden oder Angriffe auf das Netz vornehmen können.

2.7 Network Address Translation

Network Address Translation (NAT)[21] ist ein Oberbegriff für alle Verfahren, die eingesetzt werden, um automatisiert bestehende IP-Adressen von Paketen durch neue zu ersetzen. Die NAT-Mechanismen werden deshalb typischerweise in Routern (NAT-Routing) verwendet, um Subnetze mit unterschiedlichen Adressbereichen untereinander zu verbinden. So können z.B. Rechner eines Firmennetzwerkes, die intern alle eine individuelle IP-Adresse zugewiesen bekommen haben, über eine einzelne öffentliche IP-Adresse an das Internet angebunden sein. Über diese können dann alle gemeinsam mit anderen Hosts im Internet kommunizieren. NAT-Routing verbirgt die firmeninternen IP-Adressen und schafft so eine erhöhte Netzwerksicherheit.

2.8 Domain Name System

Das Domain Name System (DNS) wurde ursprünglich für das sogenannte „DARPA-Internet" [37] der „Defense Advanced Research Projects Agency" einer Behörde des US-Verteidigungsministeriums entwickelt. Der DNS Service dient im heutigen Internet zur Namensauflösung einer Domain (einer von Menschen lesbaren und intuitiven Kennung eines Rechners - z.B. google.de), um daraus die konkrete IP-Adresse des Netzknotens ermitteln zu können. Das Domain Name System bildet somit einen wichtigen Schwerpunkt im Konzept des World-Wide-Web, wie es die Menschen heute kennen und nutzen.

2.9 Dynamic Host Configuration Protocol

Das Dynamic Host Configuration Protocol (DHCP) [18] bindet einen Host ohne eine manuelle Konfiguration der Netzwerksschnittstelle in ein bestehendes Netzwerk ein. Das DHCP Protokoll verteilt hierfür selbständig die benötigten Einstellungsparameter, wie z.B. die IP-Adresse und den Namen des DNS Servers an die im Netz befindlichen Rechner. Die Hosts müssen hierfür als DHCP-Clients konfiguriert sein.

2.10 Host-, netzwerk- und proxybasierte Protokollansätze

Zur praktischen Umsetzung der Funktionalität von Protokollen gibt es verschiedenen Ansätze. Hostbasierte Protokolle integrieren ihre gesamte Funktionalität in die Endknoten des Netzwerks. Für die Einführung eines solchen Protokolls müssen es somit auch sämtliche Endgeräte im Netzwerk unterstützen. Bei sich bereits im Betrieb befindlichen Legacy-Systemen ist das oft schwer umzusetzen. Das nachträgliche Hinzufügen der benötigten Eigenschaften ist schwierig und mit hohen Kosten verbunden. Viele Endgeräte lassen sich auch einfach nicht mehr entsprechend anpassen. Sie können das Protokoll dann selbst nicht nutzen.

Netzwerkbasierte Ansätze lassen aus diesem Grund die Hosts unangetastet. Die Funktionalität des Protokolls wird bei ihnen in der Netzwerk-Infrastruktur, die die Hosts untereinander verbindet, umgesetzt. Die Hosts im Netzwerk müssen dadurch nicht angepasst werden. Das Problem wird auf die Anpassung der vermittelnden Entitäten (z.B.Router) verlagert.

Proxybasierte Protokolle verwenden zur Anbindung von Legacy-Systemen einen Proxy-Server. Hosts im Netz, die das neue Protokoll unterstützen, können über ihn mit Legacy-Systemen kommunizieren, die das Protokoll selbst nicht unterstützen. Der Proxy-Server schafft somit eine Schnittstelle, um alle Hosts im Netz über das neue Protokoll direkt ohne ihn zu nutzen oder indirekt durch ihn vermittelt miteinander kommunizieren zu lassen.

Kapitel 3
Anforderungen und Szenario

Das CarToX-Kommunikationsszenario stellt die bereits etablierten Internetprotokolle wie z.B. das Transmission Control Protocol[1] (TCP) vor viele bisher ungelöste Probleme, die sich nur durch gänzlich neue Konzepte und Ansätze lösen lassen. Ich gehe anschließend auf die konkreten Anforderungen der mobilen Kommunikation ein. Dabei nenne ich zunächst die grundlegenden Voraussetzungen, die für ihre Umsetzung geschaffen werden müssen. Im folgenden Abschnitt betrachte ich dann die für das CarToX-Kommunikationsszenario spezifischen Anforderungen.

3.1 Anforderungen des Mobilitätsszenarios

Zur Gewährleistung der Mobilität eines Hosts (z.B. eines Smartphones) müssen zahlreiche Anforderungen [27] erfüllt sein.

Bei einer stationären Verbindung wird die IP-Adresse des Hosts sowohl zu dessen Identifikation als auch zu seiner Lokalisierung verwendet. Durch die nun erfolgende Bewegung des Hosts kann dieses Konzept nicht beibehalten werden. Durch die Mobilität wechselt er fortwährend seine Position und verbindet sich mit neuen Access Points, die in seine Reichweite kommen. Diese teilen ihm dann eine neue IP-Adresse zu. Um den Host und dessen Verbindungen dennoch eindeutig über einen längeren Zeitraum hinweg identifizieren zu können, muss eine von der Lokalisierung (realisiert über die IP-Adresse) unabhängige Identifikationsmöglichkeit geschaffen werden. Zusätzlich zu diesem Identifikator sind Mechanismen erforderlich, die über den aktuellen Standort des Hosts „Buch führen". Nur durch dieses Location-Management können andere Endgeräte, die Dienste der

[1] Stand Dez. 2014

mobilen Netzwerkteilnehmer nutzen möchten, mit ihnen in Kontakt treten. Zur Gewährleistung einer unterbrechungsfreien Datenkommunikation muss das make-before-break-Konzept (vgl. 2.5) umgesetzt werden. Hierfür ist eine Anbindung des Hosts über mehrere physikalische Schnittstellen, das sogenannte Multihoming (vgl. 2.3), erforderlich. Die zur Umsetzung der Mobilität verwendeten Konzepte und Mechanismen müssen darüber hinaus kompatibel zum IP-Routing, als der heute gebräuchlichen Paketvermittlung, bleiben. Nur wenn der Host eine neue IP-Adresse auch korrekt zugewiesen bekommt, ist seine weitere Kommunikation sichergestellt. Transparenz gegenüber Upper-Layer-Protokollen und Anwendungen ist ebenfalls ein wichtiges Kriterium, das bei der Realisierung der mobilen Kommunikation berücksich- tigt werden muss. Anwendungsprotokolle sollten nach Möglichkeit die mobile Verbindung ohne eigenes Zutun direkt nutzen können. Schließlich spielt die Sicherheit im Rahmen der mobilen Kommunikation eine entscheidende Rolle. Die heute üblicherweise funkvermittelte Datenübertragung muss gegenüber potentiellen Angreifern abgesichert werden. Dieser Schwerpunkt liegt jedoch nicht im Fokus meiner Arbeit.

3.2 Anforderungen des CarToX-Kommunikationsszenarios

Die zuvor vorgestellten Voraussetzungen für die mobile Kommunikation müssen bei der Betrachtung des CarToX-Kommunikationsszenarios ebenfalls berücksichtigt werden. Durch den konkreten Sachverhalt der Anbindung eines Automobils an das Internet ergeben sich jedoch neue Anforderungen. Zudem müssen bestehende Kriterien weiter verschärft werden.

Dazu zählt u.a. der Prozess des Verbindungshandovers. Er ist für die mobile Kommunikation erforderlich, hat jedoch im CarToX-Kommunikationsszenario noch zusätzliches Gewicht. Aufgrund der hohen Geschwindigkeit, mit der sich das Automobil bewegt, sind die Zeiten, in denen eine stabile Verbindung zur Datenübertragung vorliegt, vergleichsweise gering. Der Handover zwischen zwei Access Points stellt keine Ausnahme sondern den Regelfall dar. Dementsprechend müssen die hierfür verwendeten Mechanismen besonders effizient gestaltet werden, um keinen signifikanten Kontrollfluss-Overhead zu verursachen.

Auch die oft stark schwankende Verbindungsqualität spielt im Rahmen der Fahrzeugkommunikation eine wesentliche Rolle. Eine Phase guter Verbindung kann durch veränderte topographische und bauliche Gegebenheiten wie Tunnel und Berge schnell durch eine nur noch geringe Verbindungsqualität abgelöst werden. Konzepte und Mechanismen, die diesen Sachverhalt berücksichtigen und ihm aktiv z.B. durch Steuerung des Datenflusses begegnen, können so das generelle Nutzungserlebnis entscheidend verbessern.

Skalierbarkeit und Robustheit sind ebenso für die CarToX-Kommunikation sehr wichtige Kriterien. Ein eingesetztes Protokoll muss auch bei einer stark anwachsenden Anzahl von Teilnehmern (z.B. während eines Staus) noch fehlerfrei und mit gleichbleibender Qualität eine Datenübertragung gewährleisten.

Als abschließenden wichtigen Punkt ist die problemlose Einsatzfähigkeit (deployability) eines möglichen Protokolls zu nennen. Insbesondere unter dem Gesichtspunkt der Anbindung an die bestehende Infrastruktur des Internets spielt dieses Kriterium eine wichtige Rolle. Protokolle und Konzepte sollten bestehende Konzepte, Mechanismen und Endgeräte möglichst unangetastet lassen, um die eigene schnelle Verbreitung sicher zu stellen.

Kapitel 4
Verwandte Arbeiten

In diesem Kapitel beschreibe ich zunächst bestehende Ansätze zur Gewährleistung der mobilen Kommunikation. Anschließend vergleiche ich die heraus gearbeiteten Stärken und Schwächen. Dabei diskutiere ich konkret das Anwendungspotential der Protokolle in dem von mir betrachteten CarToX-Kommunikationsszenario.

4.1 Bestehende Ansätze

4.1.1 Transportschicht Protokolle

Die in den folgenden Abschnitten untersuchten Protokolle realisieren die für das Mobilitätsszenario benötigten Anforderungen auf der Transport Layer Ebene. Die Umsetzung der Mobilität der Hosts auf dieser Ebene bietet dabei einige wesentliche Vorteile [20]. So kann z.B. durch die Verwendung von DHCP und DNS vollständig auf zusätzliche Infrastruktur verzichtet werden. Die nachfolgend betrachteten Protokolle Multipath TCP und das Stream Control Transmission Protocol operieren beide (wie das TCP Protokoll auch) auf der Transport-Ebene des OSI-Layer-Schichtenmodells. Dies führt jedoch dazu, dass weitere Protokolle auf dieser Ebene wie z.B. User Datagram Protocol, Stream Control Transmission Protocol (SCTP) und Datagram Congestion Control Protocol (DCCP) von den durch die beiden Protokolle zur Verfügung gestellten Möglichkeiten wie Mobilität, Multihoming oder „make-before-break" nicht profitieren können.

4.1.1.1 Multipath Transmission Control Protocol - MPTCP

Ziel des Entwurfs des Multipath Transmission Control Protocols (MPTCP) ist die Bereitstellung von Mobilität für die partizipierenden Netzknoten und die Nutzung von dynamischen Multihoming-Verbindungen im Rahmen gewöhnlicher TCP-Datenübertragungen. Bei der Konzeption des Multipath Transmission Control Protocols war die Abwärtskompatibilität zum bereits bestehenden Transmission Control Protocol die wichtigste Anforderung an das hostbasierte Protokolldesign. Dieses Ziel wurde mit dem im Request for Comments (RFC) 6824 [24] präsentierten Protokollentwurf nahezu vollständig erreicht.
Eine Multi-Path-TCP-Verbindung zwischen zwei Endknoten im Netzwerk wird zunächst einmal genau wie eine TCP-Verbindung aufgebaut (siehe Abbildung 4.1). Hierzu wird wie bereits von TCP bekannt ein 3-Wege-Handshake durchgeführt (Schritte 1. bis 3. in Abbildung 4.1). Zusätzlich dazu wird in den drei Nachrichten jeweils eine sog. MP_CAPABLE-TCP-Option mit versendet. Dadurch besteht für beide Parteien die Möglichkeit heraus zu finden, ob das jeweilige Gegenüber MPTCP unterstützt. Sollten beide Hosts das MPTCP-Protokoll verstehen, so können zusätzlich zur bereits bestehenden TCP-Verbindung weitere TCP-Verbindungen aufgebaut werden (Schritte 5. bis 8.). Die zweite und jede weitere aufgebaute TCP-Verbindung (zusätzliche sog. subflows) führen folglich im für sie notwendigen 3-Wege-Handshake eine MP_JOIN-TCP-Option mit sich, um von der initialen Verbindung unterscheidbar zu bleiben.
Sollte jedoch eine der beiden Parteien MPTCP nicht unterstützen, so wird diese Partei die gesendete TCP-Option ignorieren und mit einem gewöhnlichen TCP SYN_ACK darauf antworten. Die anfragende Partei weiß daraufhin, dass das Gegenüber nicht MPTCP-fähig ist. Die aufgebaute TCP-Verbindung wird anschließend ganz normal für die Datenübertragung genutzt.
Durch die grundlegende Verwendung von TCP-Verbindungen zur Datenübertragung bleibt MPTCP zum gewöhnlichen TCP kompatibel.

MPTCP stellt genau wie TCP die Reihenfolge der gesendeten Pakete sicher. Da jedoch eine einzelne Verbindung hierbei Pakete über unterschiedliche Datenkanäle, die wiederum unterschiedliche Latenzen aufweisen, versenden kann, sind weiterführende Maßnahmen erforderlich. Konkret werden die Pakete einer einzelnen Verbindung durch eine globale und absolute Nummerierung, die 64 Bit lange "data sequence number", in ihre konkrete Reihenfolge gebracht. Zusätzlich dazu gibt es aber auch noch eine relative Nummerierung (ßubflow sequence number") mit der Länge von 32 Bit, die die Pakete innerhalb eines einzelnen Datenstromes/Subflows in die korrekte Reihenfolge bringt. Über diese beiden Werte lassen sich dann die einzelnen Datenströme voneinander unterscheiden und wieder in die wie bei TCP gewünschte korrekte Reihenfolge setzen.

Darüber hinaus bietet MPTCP als Protokoll eine Vielzahl der für die Mobilität im Bereich der CarToX Kommunikation notwendigen und wünschenswerten Eigenschaften an:
Multihoming wird durch die beiden zuvor beschriebenen Nummerierungsarten gewährleistet. Es ist somit möglich, dass eine Verbindung ihre Daten über mehr als einen physischen Kanal zum Empfänger senden kann. Eine entsprechende Lastverteilung zur Optimierung des Datendurchsatzes oder zur Reduktion der für die Übertragung anfallenden Kosten ist damit ebenfalls durchführbar.
Des Weiteren unterstützt MPTCP das make-before-break Konzept durch das dynamische Hinzufügen und Entfernen von subflows. MPTCP ermöglicht es zudem die verwendeten Datenkanäle hinsichtlich ihrer Verwendung zu klassifizieren. Für jeden Pfad kann dabei bei der Aushandlung der Verbindung direkt festgelegt werden, ob der Pfad als ein Nutzdatenpfad zur direkten Datenübertragung oder als passiver Backup-Pfad genutzt werden soll. Fällt einer der derzeit bestehenden Pfade aus, wird einer der zur Verfügung stehenden Backup-Pfade als neuer Nutzdatenpfad etabliert. Hierzu wird eine entsprechende Nachricht versendet, die als TCP-Option den MP_PRIO Parameter enthält.

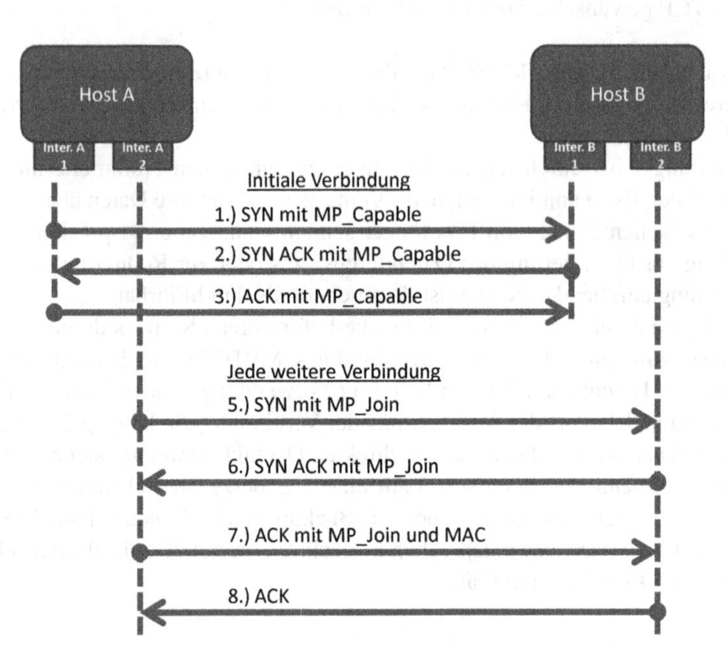

Abb. 4.1 Verbindungsaufbau bei MPTCP

4.1.1.2 Stream Control Transmission Protocol - SCTP

Das Stream Control Transmission Protocol (kurz SCTP) ist ein von der ITEF in RFC 4960 [52] spezifiziertes Transport Layer Protokoll. Es ist wie das User Datagramm Protocol paketorientiert, darüber hinaus aber noch optional zuverlässig in der Datenübertragung wie das Tranmission Control Protocol. Das hostbasierte Stream Control Transmission Protocol verhält sich in einem gemischten Verbindungsszenario (SCTP-Verbindungen und TCP-Verbindungen bestehen parallel zueinander im Netzwerk) neutral gegenüber TCP, da es zur Fluss- und Überlastkontrolle sehr ähnliche Algorithmen verwendet.
Im ursprünglichen Request For Comments [52] waren die für die Mobilitätsszenario wichtigen Eigenschaften Mobilität, Multihoming und Load-sharing nicht im Fokus der Entwicklung. Die beiderseitig zur Verfügung stehenden Datenverbindungskanäle werden im ursprünglichen SCTP-Konzept initial ausgehandelt und können später nicht mehr verändert werden. Zudem wird ein Datenpfad festgelegt, über den die Daten dann in der überwiegenden Zeit fließen sollen. Alle weiteren Verbindungen wurden lediglich als Backup-Pfade betrachtet, wenn der Hauptverbindungsweg einmal ausfallen sollte.
Zu diesem Zweck verwendet das Stream Control Transmission Protocol besondere „Heart-Beat"-Signale, mit denen die zur Zeit bestehenden Verbindungen in regelmäßigen Zeitabständen auf ihre Verfügbarkeit hin überprüft werden. Die Übermittlung von Heart-Beat-Signalen erfolgt dabei aber nur, wenn nicht bereits ein Datenverkehr über die entsprechende Verbindung besteht, durch den die beiden Netzwerkhosts die benötigten Informationen gewinnen können.

Das SCTP-Protokoll weist jedoch auch einige gewichtige Nachteile auf. Um die zuvor beschriebene Funktionalität so effektiv wie möglich umzusetzen, wurde bei der Entwicklung von SCTP eine vollständig neue Programmierschnittstelle entworfen. Diese macht eine Anpassung bestehender Legacy-Software notwendig, um über das Protokoll kommunizieren zu können. In diesem Zusammenhang wurde auch ein eigenständiger Protokoll-Header für SCTP konzipiert. Router im Netzwerk, die das Protokoll nicht unterstützen, erkennen diesen Protokoll-Header nicht. Für sie ist er fehlerhaft und das Paket wird deshalb automatisch verworfen. Auch die im Zuge der vielfach eingesetzten Network-Address-Translation (NAT-Routing) durchgeführte Ersetzung von ursprünglich zugewiesenen IP-Adressen ist inkompatibel zu SCTP. Eine zu SCTP konforme Anpassung der NAT-Router ist notwendig.

4.1.2 Mobile IP und Derivate

Die folgenden Protokolle versuchen bereits auf der Netzwerk-Ebene (IP-Layer), als der grundlegenden Basis der Internet-Kommunikation, die für die mobile Verbindung notwendigen Eigenschaften bereit zu stellen. Dies führt dazu, dass sämtliche Transport- und Upper-Layer Protokolle somit mobil gemacht werden können. Dies stellt daher einen wichtigen Vorteil dar.

4.1.2.1 Mobile IPv6

Mobile IPv6 bildet die Grundlage für alle in diesem Abschnitt betrachteten Protokolle. Es ermöglicht dem mobilen Knoten (eng. Mobile Node) dauerhaft eine IP-Adresse zu behalten, unter der er erreichbar bleibt, obwohl er das Zugangsnetz wechselt.
Das hostbasierte Konzept (vgl. hierzu Abbildung 4.2) sieht dabei vor, dass der mobile Knoten zunächst bei seiner ersten Anmeldung bei einem beliebigen bestehenden Zugangspunkt (eng. Access Point) eine sog. „Home Adress" erhält. Unter dieser Heimatadresse bleibt er trotz Zugangsnetzwechsel erreichbar.
Solange sich der Mobile Node innerhalb des Abdeckungsbereiches des Access Points befindet, mit dem er sich initial verbunden hat, verhält Mobile IPv6 sich genauso wie IPv6. Der Mobile Node kann dabei alle Anfragen, die an ihn selbst gerichtet werden, eigenständig beantworten.
Sobald er sein Heimatnetzwerk verlässt, übernimmt ein anderer Knoten im Heimnetz stellvertretend für ihn den Empfang eingehender Pakete. Dieser Knoten wird dementsprechend „Home Agent" genannt. Im Regelfall übernimmt die Aufgabe des Home Agents der Access Point selbst. Es kann jedoch auch ein beliebiger anderer Rechner im Netz sein. Hierzu meldet sich der mobile Knoten bei einem neuen Zugriffspunkt an und erhält von diesem eine neue IP-Adresse zugewiesen. Diese IP-Adresse, die sog. „Care of Address" meldet er anschließend an seinen Home Agent, damit dieser die für den mobilen Knoten unter seiner Home Address eingehenden Datenpakete entsprechend weiterleiten kann.
Der ursprüngliche Standard sah dabei vor, dass immer nur eine einzelne Verbindung (d.h. maximal eine gültige Care of Address) existieren sollte.
Erst erweiternde Konzepte [3], [9], [54], [58], die die Verwendung von mehreren Care of Adressen vorschlagen, bieten Mobile IPv6 auch die Option, das Konzept des Multihomings und des Load Sharings zu unterstützen.

Die beim Home Agent unter der Home Address eingehenden Datenpakete werden von diesem an die bei ihm vom Mobile Node hinterlegte Care Of Address weitergeleitet. Im Gegenzug muss der Mobile Node die von ihm ausgehenden Datenpakete auch an seinen Home Agent zurück senden, bevor dieser die Pakete dann schließlich an den Remote Host (die tatsächliche Bestimmungsadresse) schicken kann. Der Mobile Node kann die Daten nicht direkt an die entsprechende Remote Host Adresse weiterleiten, da dieser die ihm unbekannte Care Of Address (im Zuge des Ingress-Filterns) einfach verwerfen würde. Es muss also immer ein bidirektionaler Tunnel zwischen Mobile Node und Home Agent aufgebaut werden. Das Problem des Paketverlustes wird zwar so gelöst. Durch die Übertragung der Datenpakete über den Home Agent erhöht sich aber die bei der Kommunikation von Correspondent Node und Mobile Node auftretende Latenz jedoch deutlich im Vergleich zu einer direkten Kommunikation. Neue Ansätze wie die Enhanced Route Optimization von Mobile IPv6 [5] adressieren dieses Problem.

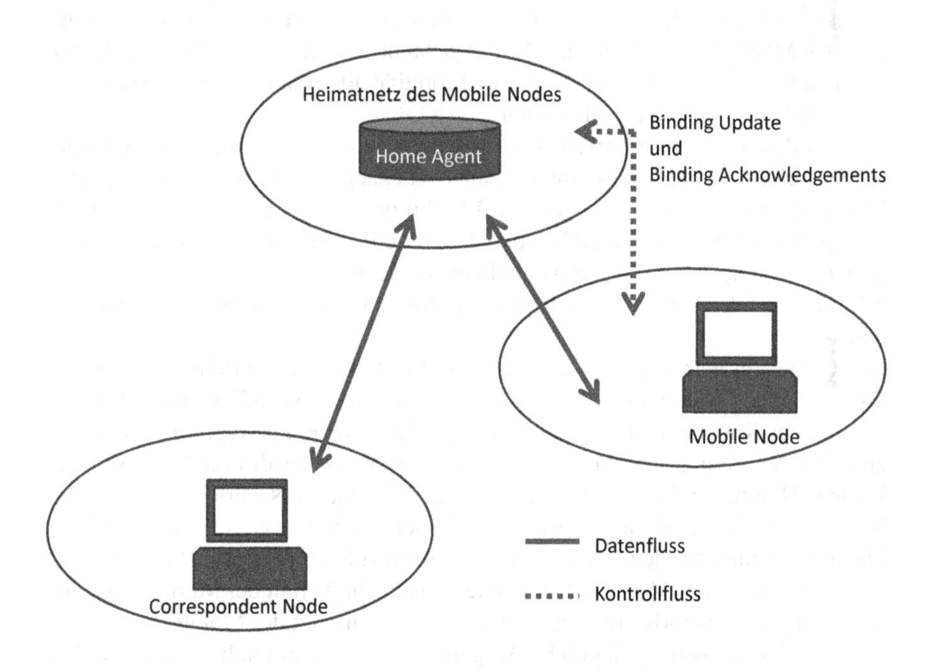

Abb. 4.2 Schematischer Aufbau des Mobile IPv6 Protokolls. Vorlage hierzu siehe Abbildung auf Seite 87 in [49].

4.1.2.2 Proxy Mobile IPv6

Proxy Mobile IPv6 [19] beruht im Grundkonzept auf Mobile IPv6. Es verwendet jedoch einen anderen Ansatz zur Erreichung des Ziels der Mobilität der Endknoten. Mobile IPv6 verfolgt einen hostbasierten Lösungsweg. D.h. die Endknoten müssen das Protokoll unterstützen. Im Gegensatz dazu handelt es sich bei Proxy Mobile IPv6 um ein Protokoll, das einen netzwerkbasierten Ansatz [32] umsetzt. Der Mobile Node ist dadurch nicht mehr direkt am Austausch der zur Gewährleistung der Mobilität notwendigen Steuer/Kontroll-Nachrichten beteiligt. Zudem ist das Protokoll proxybasiert. Die Kommunikation mit Legacy-Servern wird so sichergestellt.
Die Konnexion zwischen mobilem Netzknoten und dem Home Agent (in Proxy Mobile IP - Local Mobility Anchor kurz LMA genannt) erfolgt indirekt über den Access Router, mit dem der Mobile Node derzeit verbunden ist. Der Access Router, auch Mobile Access Gateway (MAG) genannt, übernimmt die Kommunikation mit dem Local Mobility Anchor, um die Mobilität aller mit ihm derzeit verbundenen mobilen Clients zu gewährleisten.
Dies hat den besonderen Vorteil, dass an den Client keinerlei zusätzliche Anforderungen gestellt werden und somit auch ältere (Legacy-)Geräte von der verfügbaren Mobilität profitieren können. Der Local Mobility Anchor agiert dabei als vermittelnder Proxy-Server. Die MAGs müssen dafür jedoch alle vom gleichen Betreiber sein, um eine flächendeckende Anbindung zu garantieren.
Konkret läuft der Verbindungsvorgang wie folgt ab (siehe hierzu auch Grafik 4.3 und [22]) :
Das Gebiet, in dem sich der Mobile Node frei bewegen kann ohne die Verbindung dabei zu verlieren, wird als „Localized Mobility Domain" bezeichnet. Wenn ein mobiler Knotenpunkt sich nun in dieses Gebiet hinein bewegt, meldet er sich zunächst bei dem ersten Mobile Access Gateway an, in dessen Reichweite er kommt. Hierzu sendet er eine sog. „Router Solicitation Nachricht" (1.) an ihn. Er stellt somit eine Verbindungsanfrage an den Mobile Access Gateway. Dieser identifiziert zunächst den Mobile Node und überprüft, ob er zugangsberechtigt ist, um an der Localized Mobility Domain teilzunehmen. Erfüllt der Mobile Node die entsprechenden Autorisierungsanforderungen, übernimmt der Mobile Access Gateway in dessen Auftrag sämtliche Aufgaben. Hierzu übermittelt er zunächst eine Proxy Binding Update Nachricht (PBU) (2.). Diese ermöglicht dem Local Mobility Anchor die Verknüpfung des neuen Mobile Node mit dem Mobile Access Gateway. Der Local Mobility Anchor schickt daraufhin eine Proxy Binding Acknowledgement Nachricht (PBA) (3.), um den korrekten Empfang der Proxy Binding Update Nachricht (PBU) zu bestätigen. Dabei wird der vom Local Mobility Anchor gesendete Prefix der Proxy Binding Update Nachricht erneut an ihn zurück

geleitet. Das Prefix dient initial der Verknüpfung von mobilem Knotenpunkt und dazugehörigem Mobile Access Gateway im Verbindungs-Verzeichnis des Local Mobility Anchor. Gleichzeitig zur Proxy Binding Acknowledgement Nachricht erzeugt der Local Mobility Anchor einen neuen Eintrag in seinem Binding-Cache, in dem festgehalten wird, dass ab sofort der Mobile Node durch den entsprechenden Mobile Access Gateway vertreten wird. Zusätzlich baut der Local Mobility Anchor eine bidirektionale Tunnelverbindung von sich zum Mobile Access Gateway auf, um darüber die Daten an den Mobile Node senden zu können. Nach Erhalt der Proxy Binding Acknowledgement Nachricht übermittelt der Mobile Access Gateway ergänzend eine „Router Advertisement"-Nachricht (4.) an den Mobile Node, damit dieser seine eigene IP-Adresse konfigurieren kann. Zusammenfassend lässt sich sagen, dass bei Proxy Mobile IP der Schwerpunkt der strukturellen Änderungen von den Hosts ins Netzwerk selbst (die entsprechenden Zugriffspunkte) verlagert wird. Direkte Anforderungen an den Mobile Node existieren somit keine mehr.

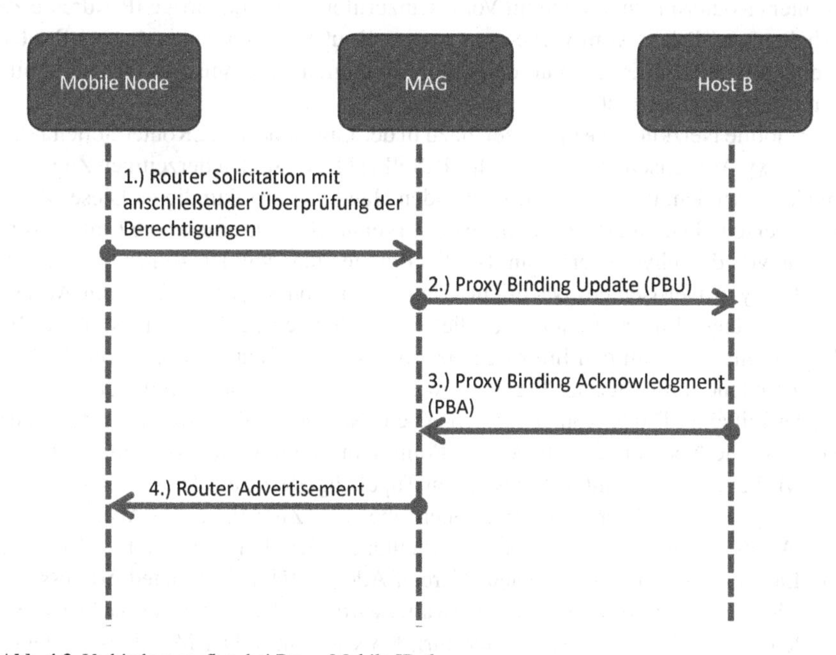

Abb. 4.3 Verbindungsaufbau bei Proxy Mobile IPv6

4.1.2.3 Fast Mobile IPv6

In Mobile IPv6 besteht grundsätzlich die Schwierigkeit, dass in der Ursprungsfassung nur eine Care of Address gleichzeitig genutzt werden kann. Das bedeutet, dass das Protokoll das make-before-break-Konzept (siehe Abschnitt 2.5) in dieser Form nicht unterstützt. Eine Verbindung muss zunächst vollständig beendet werden, bevor eine neue aufgebaut werden kann. Dies führt im besten Fall dazu, dass einige Zeit für den Neuaufbau der Verbindung für den Datentransport ungenutzt verloren geht. Im Extremfall müssen die Pakete, die während dieses Handover-Vorgangs von einem auf das andere Netz gesendet werden sollten, dann erneut übertragen werden. Dies führt insbesondere bei zeitkritischen Anwendungen wie z.B. VoIP-Telefonaten zu einer unzureichend hohen Latenz. Daher gibt es Bestrebungen den zeitlichen Versatz, in dem keine Pakete weitergeleitet werden können, entscheidend zu reduzieren. Eine hierfür entwickelte Protokollerweiterung stellt das Fast Mobile IPv6 Protokoll dar [33]. Es unterscheidet sich vom gewöhnlichen Mobile IPv6 Protokoll in der Art wie ein Handover durchgeführt wird. Fast Mobile IPv6 bietet ein Interface an, um über die Internetanbindung des aktuellen Access Routers Routerinformationen im Voraus abzurufen, eine zukünftige IP-Adresse zu erhalten und Pakete vom vorherigen Access Router an den neuen Access Router weiterzuleiten. Ich erkäre nun den dafür benötigten Mechanismus, der in Abbildung 4.4 visualisiert ist:
Der mobile Netzknoten ist jederzeit dazu in der Lage eine sog. „Router Solicitation for Proxy Advertisement"-Nachricht (RtSolPr) (1.) an seinen derzeitigen Zugriffspunkt zu senden, um einen bevorstehenden Handover anzukündigen. Diese Nachricht verschickt er auf der Grundlage der Erkenntnisse, die er über die Link-Layer-Ebene von den physischen Schnittstellen erhalten hat. Mit der Router Solicitation for Proxy Advertisement-Nachricht erlangt man von seinem derzeitigen Access Router nähere Informationen über die entsprechenden neuen Zugriffspunkte. Er besitzt eine Liste mit den Informationen aller ihm bekannter Access Points. Dem entsprechend antwortet der Previous Access Router auf die Anfrage des Mobile Nodes mit einer Proxy Router Advertisement-Nachricht (PrRtAdv) (2.). Wenn der vom Mobile Node angefragte Access Point dem Previous Access Router bekannt ist, wird er als sogenanntes Access Point Tupel abgespeichert. Dieses enthält dann die gewünschten näheren Informationen über den Zugriffspunkt (Access-Point-ID, Access-Router-Info). Mit den so erhaltenen Details ist der Mobile Node in der Lage eine voraussichtliche neue Care of Address (New Correlated Address) zu berechnen, die vom Access Router verwaltet wird, mit dem er sich als nächstes verbinden möchte (New Access Router kurz NAR genannt). Der Mobile Node leitet nach dem Erhalt der benötigten Informationen eine daraus resultierende „Fast Binding Update"-Nachricht (3.) an seinen derzeitigen Previous Access Router weiter.

Diese Mitteilung ermöglicht es dem Previous Access Router, dass er eine Kopplung zwischen der alten Verbindungsadresse (Previous Correlated Address kurz PCoA) und der neuen Verbindungsadresse (New Correlated Address kurz NCoA) herstellen kann. Das bedeutet, dass Pakete, die an die Previous Correlated Address gesendet werden, auch bereits an die New Correlated Address (die in absehbarer Zeit die Verbindung übernehmen wird) weitergeleitet werden. Hierzu schickt er eine Handover Initiation Nachricht (HI) (4.) an den Previous Access Router. Dieser antwortet darauf mit einer Handover Acknowledge Meldung (HAck) (5.). Gleichzeitig muss der New Access Router ebenfalls einen „Reverse-Tunnel" aufbauen, um darüber Datenpakete versenden zu können. Andernfalls würde aufgrund von Ingress-Filterung kein Datenverkehr mehr möglich sein.
Durch die genannten Modifikationen erreicht das Fast Mobile IP Protokoll sein Ziel. Das Protokoll realisiert nun näherungsweise das make-before-break-Konzept mit einem einzigen WLAN Interface. Die Zeit, in der keine Datenübertragung möglich ist, wird damit auf ein Minimum reduziert.

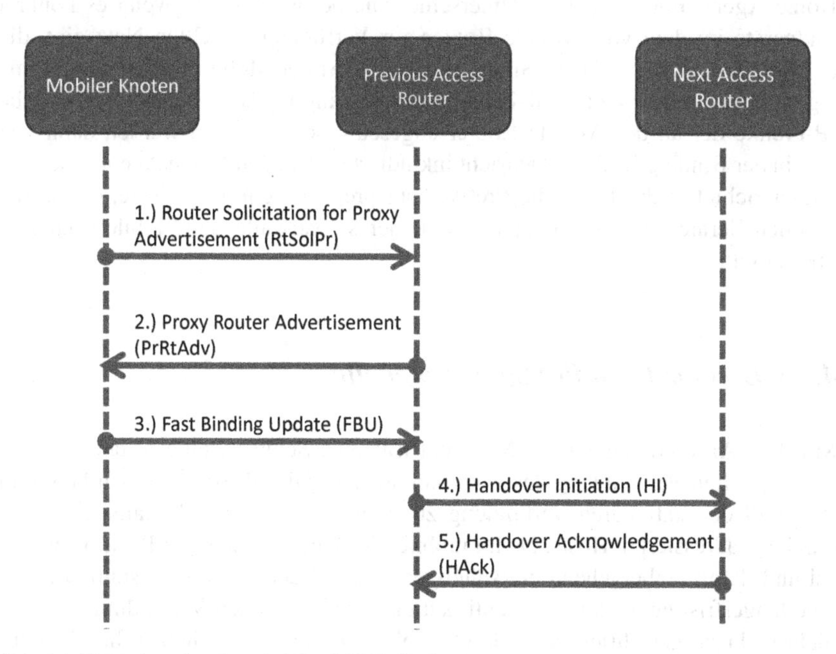

Abb. 4.4 Verbindungshandover bei Fast Mobile IPv6

4.1.2.4 Network Mobility Basic Support Protocol - NEMO

Das Network Mobility Basic Support Protocol (im Folgenden kurz NEMO) [17] arbeitet ähnlich wie das Mobile IPv6 Protokoll, auf dem es beruht. Dementsprechend ist NEMO auch vollständig abwärtskompatibel zu Mobile IPv6. Entscheidender Unterschied ist, dass NEMO das Konzept des Mobile Nodes hin zu einem Mobile Router erweitert. Der Mobile Router übernimmt dabei die Aufgaben des Mobile Nodes und stellt seine Verbindung allen in seiner Reichweite befindlichen Geräten zur Verfügung. Dies hat den großen Vorteil, dass die Geräte dabei selbst NEMO oder Mobile IPv6 nicht mehr direkt unterstützen müssen. Konkrete Anwendungsszenarien von NEMO sind daher u.a. Schiffe, Züge und Flugzeuge [36], [42] mit vielen lokalen Benutzern, die sich gemeinsam mit dem mobilen Router bewegen, ohne dabei seine Versorgungsreichweite zu verlassen. Auch der Automobilbereich [35] wird daher für NEMO als potentielles Einsatzgebiet in Betracht gezogen. Im Gegensatz zu Mobile IPv6 bewegen sich im NEMO-Szenario Router und nicht Host-Geräte. Erreicht ein Router ein neues Abdeckungsgebiet, sendet er wie ein gewöhnlicher Mobile Node eine Binding Update Nachricht an seinen Home Agent. Entscheidender Unterschied hierbei ist der Fall, wenn es konkret Endgeräte im dem vom Mobile Router zur Verfügung gestellten Netz gibt, die er mitversorgen muss. Diese Situation signalisiert der Mobile Router dem Home Agent über ein besonderes „R-Flag" in der Binding Update Nachricht. Sämtliche IP-Prefixe der an den Mobile Router angeschlossenen Geräte werden dann von ihm in der Binding Update Nachricht inkludiert und an den Home Agent gesendet. Dieser richtet in der Folge die Prefixes entsprechend ein, um Pakete, die an die mobilen Geräte gerichtet sind, passend an den sie verwaltenden Mobile Router zu übermitteln.

4.1.3 Locator Identifier Split Protokolle

Mit dem Anwendungsfall der Mobilität tritt eine Schwachstelle in der derzeitigen doppelten Verwendung des IP-Protokolls auf. Die IP-Adresse dient heute im Regelfall der stationären Verbindung zur Identifizierung und Lokalisierung des durch sie adressierten Hosts. Da im mobilen Szenario ein häufiger Positionswechsel und damit einhergehend ein ständiger Wechsel der IP-Adresse stattfindet, ist eine längerfristige eindeutige Identifikation der bestehenden Verbindungen somit nicht mehr zu gewährleisten. Alle nachfolgenden Protokolle haben die Gemeinsamkeit, dass sie genau dieses Problem adressieren.

4.1.3.1 Identifier Locator Network Protocol - ILNP

Das Identifier Locator Network Protocol [7], [8] (ILNP) verfolgt ein hostbasiertes Konzept zur Lösung des Identifier-Locator-Problems unter der Beibehaltung der Kompatibilität zum IP Protokoll.
Die Vereinbarkeit von ILNP mit IP wird durch eine starke Orientierung des Protokolls an der IPv6-Adressgenerierung gewährleistet. Somit ist eine schrittweise Einführbarkeit sicher gestellt. Alte Netzknotenpunkte, die das ILNP Protokoll nicht unterstützen, sind dadurch dennoch in der Lage die Pakete korrekt an ihren jeweiligen Empfänger weiter zu leiten. Der vergleichbare Aufbau einer IPv6- und einer ILNPv6-Adresse ist in Abbildung 4.5 dargestellt (vgl. Seite 7 in [8]).

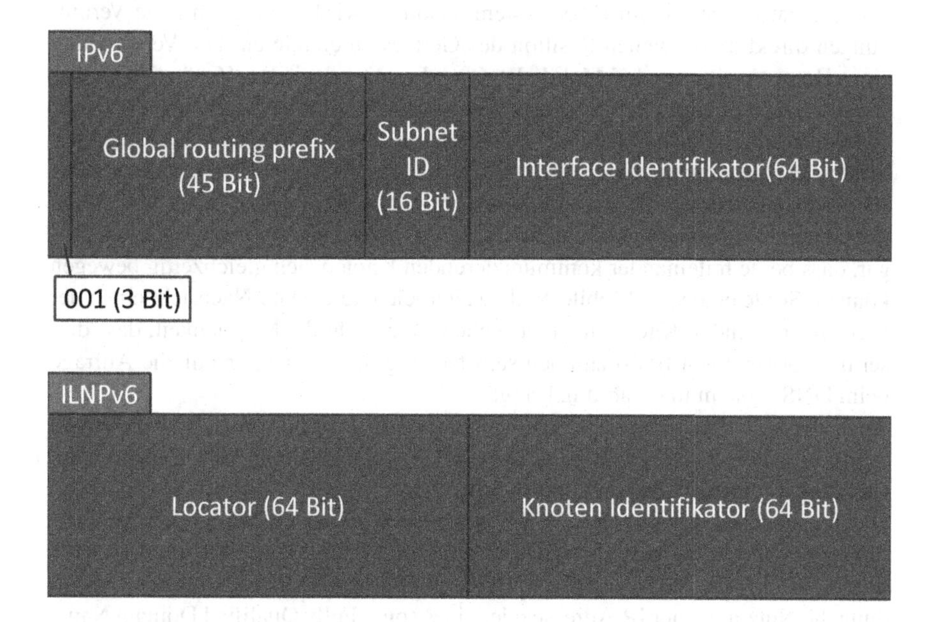

Abb. 4.5 Gegenüberstellung des Adressaufbaus von IPv6 und ILNPv6

Die wichtigste Eigenschaft von ILNP ist dabei, dass die ILNPv6-Adresse, die die gleiche Länge wie eine IPv6-Adresse aufweist, in zwei Abschnitte aufgeteilt wird. Der vordere Teil, Locator genannt, und der hintere Teil, der Node Identifier (NID), sind dabei jeweils 64 Bit lang. Diese Aufteilung entspricht genau dem

Verhältnis von IPv6 Routing Prefix und dessen Interface Identifier bei einer 64-Bit-Addressrange. Ältere Router können die Nachrichten dementsprechend korrekt weiterleiten ohne das Protokoll selbst zu kennen. Die Zweiteilung der IPv6-Adresse in Identifier und Locator ist aber auch kritisch zu sehen. Router, die nur wenige Hosts mit Adressen versorgen müssen, benötigen den vollen 64-Bit-Adressraum nicht. Ungenutzte Adressen werden damit für die Verwendung durch andere Router blockiert.

Das Identifier Locator Network Protocol umgeht das von den Entwicklern als komplex eingestufte Konzept des Home Agents von Mobile IPv6 [45], indem es zur Aktualisierung der veränderlichen Lokatoren immer den Domain Name Service nutzt.
Jedes Mal, wenn sich ein Mobile Node im Netz bewegt und in ein anderes Subnetz eintaucht, aktualisiert er seinen derzeitigen Standort über ein Update seiner sog. „Locator Record" im DNS-System. Dadurch wird es möglich neue Verbindungen direkt an der neuen Position des Gerätes zu etablieren. Die Verwendung eines Home Agents wie bei Mobile IPv6 wird somit vermieden. Zusätzlich zu dieser Aktualisierung im DNS-System selbst sendet der Mobile Node auch noch eine authentifizierte „Locator Update"-Nachricht an alle mit ihm in Verbindung stehenden „Correspondent Nodes". Der jeweils angesprochene Correspondent Node, als das Gegenüber der Kommunikationsverbindung, aktualisiert dann für sich die momentane Position des Mobile Nodes. Diese Vorgehensweise ermöglicht es sogar, dass beide miteinander kommunizierenden Knoten sich gleichzeitig bewegen können. Sollte eine vom Mobile Node weitergeleitete Update-Nachricht einen der korrespondierenden Knoten nicht erreichen, so besteht die Möglichkeit, dass dieser die notwendigen Informationen selbstständig durch eine persönliche Anfrage beim DNS-System in Erfahrung bringt.
Auch die Rolle des Mobile Access Gateways im Proxy Mobile IPv6 Protokoll wird auf diese Weise eingespart. Die Pakete können direkt vom Sender- zum Empfängerknoten fließen und umgekehrt.
Die konsequente Nutzung des DNS-Systems setzt sich auch bei der den Applikationen zur Verfügung gestellten Schnittstelle fort (siehe Tabelle 4.1 und Vergleich dazu S-277 in [45]. Im Gegensatz zu IP, das auf der Applikationsebene der Anwendung die Nutzung einer IP-Adresse oder eines sog. „Fully Qualified Domain Name (FQDN)" (d.h. einen davon abstrahierenden Domain-Namen) freistellt, lässt ILNP nur noch die Verwendung eines Fully Qualified Domain Name zu. Dies ermöglicht die notwendige Abstraktion von den darunter liegenden IP-Adressen, die sich ja aufgrund der Mobilität der Knoten ständig ändern können. Applikationen, die bereits jetzt einen Fully Qualified Domain Name zur Identifikation einsetzen, müssen aus diesem Grund nicht mehr umgeschrieben werden, um mit dem ILNP-Protokoll arbeiten zu können. Sie werden daher von den Entwicklern des Protokolls als

„anständig" („well-behaved") eingestuft (vgl. hierzu Abschnitt 10.5 in [8]). Die konkrete Handover-Sequenz des ILNP-Protokoll stellt sich wie folgt dar (siehe Abbildung 4.6 und vgl. hierzu Fig.5 auf Seite 283 in [45]). Der Mobile Node tauscht zu Beginn mit dem ihn momentan versorgenden Access Router über Router Solicitation (1.) und Router Advertisement Nachricht (2.) Informationen aus und erhält darüber seine aktuelle lokale IP-Adresse. Der Mobile Node benachrichtigt die mit ihm in direktem Datenaustausch stehenden Correspondent Nodes über seinen aktualisierten Standort, hierzu verwendet er eine Locator Update Nachricht (3.). Weitere Correspondent Nodes, die mit dem Mobile Node in Kontakt treten möchten, können bei dem für den Mobile Node zuständigen DNS-Servern die aktuell gültige IP-Adresse erfragen. Der Mobile Node hat sie dafür entsprechend durch eine DynDNS Update Nachricht informiert (4.). Der Datenaustausch (5.) und dessen Empfangsbestätigung (6.) erfolgt direkt zwischen Mobile Node und Correspondent Node. Es ist hierfür kein Umweg wie z.B. bei Mobile IPv6 notwendig.

Die Verwendung des Domain Name Systems zur Identifikation der Hosts muss jedoch auch kritisch gesehen werden. Bereits in wesentlich weniger agilen Szenarien im Vergleich zur CarToX-Kommunikation kann eine vollständige Propagierung der neuen IP-Adresse sehr lange dauern [1]. In dieser Zeit ist eine korrekte Lokalisierung des Hosts nicht durchführbar. Im Hinblick auf den ständigen Adresswechsel, der im CarToX-Kommunikationsszenario auftritt, ist dies ein schwerwiegender Nachteil des Konzepts.

Tabelle 4.1 Adressierung auf den einzelnen OSI-Schichten bei ILNP und IP im Vergleich

Protokoll Schicht	ILNP	IP
Applikation	Full Qualified Domain Name	Full Qualified Domain Name od. IP-Adresse
Transport	Identifier, I	IP-Adresse
Netzwerk	Lokator, L	IP-Adresse
Link	MAC-Adresse	MAC-Adresse

4.1.3.2 Host Identity Protocol - HIP

Das Host Identity Protocol [38], kurz HIP genannt, löst das Problem der klassischen Doppelrolle des IP-Protokolls im mobilen Szenario über einen zusätzlich einzuführenden Identifikator, den sog. Host Identifier. Dieser Wert soll im Zu-

[1] https://support.managed.com/kb/a604/dns-propagation-and-why-it-takes-so-long-explained.aspx

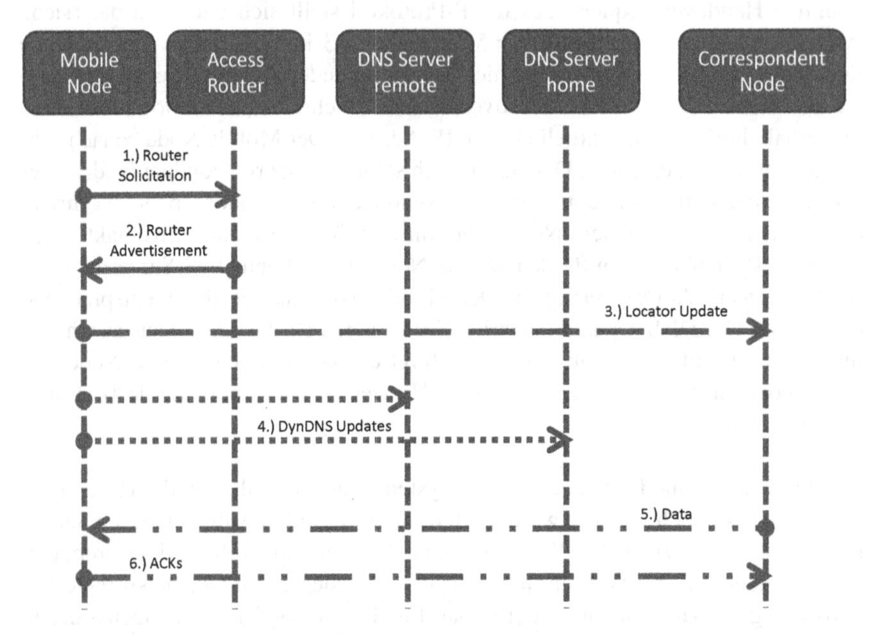

Abb. 4.6 Verbindungsaufbau bei ILNPv6

sammenhang mit der momentanen IP-Adresse des Pakets die Mobilität der Knotenpunkte im Netz ermöglichen. Hierzu operiert das Host Identity Protocol auf einer Zwischenebene des ISO/OSI Modells zwischen der Network-Layer-Ebene (IP) und der Transport-Layer-Ebene (siehe Abbildung 4.7).

Somit wird die Mobilität im Gegensatz zu MPTCP für alle Transport-Layer-Protokolle bereit gestellt. Bei der Konzeption von HIP wurde ganz besonders Wert auf die Sicherheit des Protokolls gelegt. HIP verwendet daher zur vertrauensvollen gegenseitigen Identifizierung der Hosts ein Diffie-Hellman-Schlüsseltausch-Verfahren. Dies macht das Protokoll sicher gegenüber Denial-Of-Service (DoS) und Man-in-the-Middle (MitM) Attacken. HIP ist ein hostbasiertes Protokoll. Die beiden Parteien, der Sender und der Empfänger, bauen die Verbindung dabei wie folgt auf (siehe hierzu Abbildung 4.8). Der Sender (eng. Initiator) sendet zunächst in seiner ersten Nachricht (I1) einen sog. Trigger an den Empfänger. Dieses Trigger-Paket enthält in der Regel nur den persönlichen Host Identity Tag des Senders. Wenn der Host Identity Tag des Empfängers dem Sender bereits bekannt ist, kann dieser ebenfalls in das Paket hinzugefügt werden. Das zweite zu

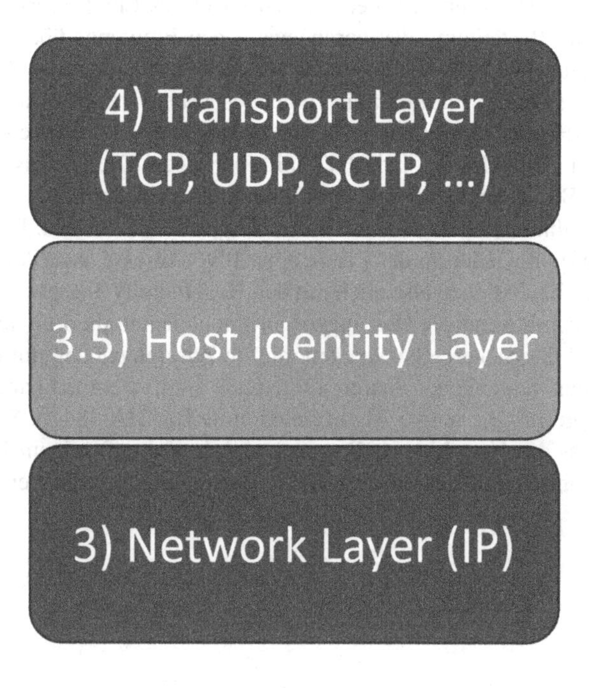

Abb. 4.7 Eingliederung von HIP in das OSI-Schichtenmodell

sendende Paket wird vom Empfänger (R1) erstellt und enthält ein kryptografisches Rätsel, dass der Sender im folgenden Schritt lösen muss. Die Schwierigkeit der Lösung kann entsprechend dem bereits bestehenden Vertrauensverhältnis zwischen Sender und Empfänger angepasst werden. Aufgrund der Rechenzeit, die der Sender für das Lösen des Rätsels aufwenden muss, kann der Empfänger ihn als ernsthafte Anfrage werten. Denial of Service Angriffe werden dadurch erfolgreich verhindert. Zusätzlich zum Rätsel enthält das R1-Paket den ersten Teil des Diffie-Hellman-Schlüsseltausches. Dies ist im bestehenden Fall die Host Identity (HI) des Empfängers und damit ganz konkret der öffentliche Schlüssel eines Public-Key-Krytographie-Verfahrens (wahlweise RSA oder DSA). Gleichzeitig sendet man auch noch eine entsprechende Signatur des Empfängers mit, anhand der der Sender dann die Korrektheit des öffentlichen Schlüssels überprüfen kann. Der Sender antwortet darauf (I2) mit der korrekten Lösung des Rätsels, seinem eigenen Public Key und seiner Signatur. Ist die Lösung nicht korrekt, wird das Paket andernfalls sofort verworfen. Mit dem letzten Paket des Empfängers (R2) erfolgt noch einmal die Bestätigung des vorangegangenen Empfangs über eine entsprechende Signatur. Die Host Identity wird zur Authentifikation und Zuordnung nur am Anfang geschickt. Im daraufhin folgenden Datenverkehr wird in einem entsprechenden Header immer nur noch der Host Identity Tag, der entsprechende Hashwert der Host Identity, kurz HIT mit übertragen. Dieser weist eine feste Länge von 128 Bit auf und ist damit signifikant kleiner als der initial übertragene Public Key. Für ihn sind 1024 Bit und mehr gebräuchliche Größen. Die Länge von 128 Bit entspricht wiederum der Länge einer IPv6 Adresse. Applikationen, die darauf zurückgreifen, können also auch mit den Host Identity Tags weiterhin korrekt operieren. Als notwendiger Hashing-Algorithmus legten die Entwickler SHA-1 fest. Aufgrund der Sicherheitsbedenken, die im Zusammenhang mit diesem Algorithmus in den vergangenen Jahren aufgetreten sind, strebt man aber bereits weitere Vorschläge für alternative Algorithmen an (z.B. SHA-384 [2]). Somit ist sichergestellt, dass das Host Identity Protocol auch in Zukunft seinem Konzeptanspruch, der Gewährleistung der sicheren Datenübertragung, gerecht werden kann.

[2] http://www.ietf.org/mail-archive/web/hipsec/current/msg03339.html

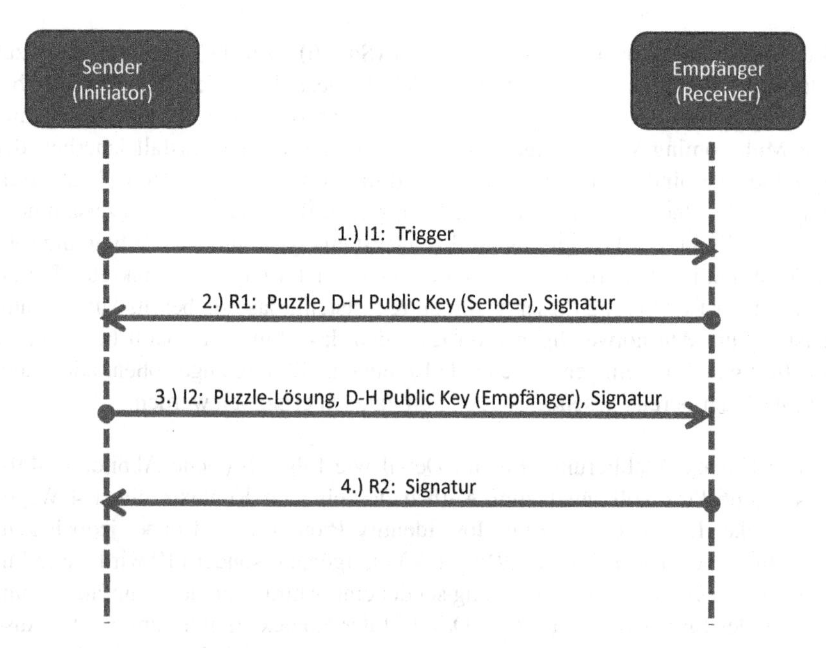

Abb. 4.8 Verbindungsaufbau im HIP Protokoll

4.1.3.3 Site Multihoming by IPv6 Intermediation - Shim6

Site Multihoming by IPv6 Intermediation (Shim6) [40], [1] kann ebenfalls zur Klasse der Identifier / Locator-Split-Protokolle gezählt werden. Schwerpunkt bei der Konzeption des hostbasierten Protokolls war vor allem die Gewährleistung von Multihoming-Verbindungen. Sie dienen einerseits der Ausfallsicherheit der einzelnen Verbindungen, andererseits wird damit auch eine konkrete Lastverteilung auf einzelne Verbindungszweige hin erreicht. Bemerkenswert im Zusammenhang mit Shim6 ist, dass im Regelfall zunächst eine gewöhnliche Verbindung (ohne Multihoming-Funktionalität) etabliert wird. Erst wenn eine konkrete Heuristik nach der Etablierung dieser Verbindung feststellt, dass sie bereits lange genug existiert, um den notwendigen Overhead, den das Shim6 Protokoll benötigt, zu rechtfertigen, wird eine entsprechende Kontextetablierung angestoßen. Dies kann z.B. nach der bereits gesendeten Zahl von Paketen ermessen werden.

Die Kontext-Etablierung läuft im Detail wie folgt ab (siehe Abbildung 4.9): Das Shim6-Protokoll nutzt zum Aufbau des eigenen Kontexts einen 4-Wege-Handshake. Im Gegensatz zum Host Identity Protokoll wird dabei jedoch kein vollständig neuer Kontext zum IP-Protokoll aufgebaut, sondern IP wird weiterhin genutzt. Der Initiator der Verbindung sendet eine Anfrage an den Empfänger zum Aufbau des Shim6-Kontextes (1.). Das Ziel der Kontext-Etablierung ist der Austausch eines Paares sogenannter Upper Layer Identifier (ULID), um die dann etablierte Verbindung langfristig halten zu können. Das ausgetauschte Upper Layer Identifier Paar kann entweder aus den Lokator-IP-Adressen bestehen, die zum Versand des Paketes genutzt wurden, oder aber auch aus gänzlich anderen IP-Adressen. Diese müssen dann jedoch explizit in der I1-Nachricht mitgeführt werden. Um einen gewissen Schutz vor Denial of Service-Attacken zu bieten, schickt man in der I1-Nachricht immer auch eine Nonce des Senders mit, auf die der Empfänger dann später im Verlauf des Handshakes entsprechend antworten muss. Andernfalls wird kein Shim6-Kontext etabliert. Die I1-Nachricht enthält darüber hinaus noch einen „initiator context tag". Dieser dient der Identifikation der Pakete einer bestehenden Session falls sich die Lokatoren-IP-Adressen im Verlauf der Übertragung bereits geändert haben sollten. Dies ist vergleichbar mit den Host Identity Tags des Host Identity Protocols. Wenn der Empfänger (eng. Receiver) die I1-Nachricht erhält, kann er sie entweder verwerfen (wenn z.B. kein Multihoming-Support von seiner Seite aus gegeben ist oder wenn kein Interesse daran besteht) oder er sendet eine R1 Nachricht (2.) als Antwort. Die R1-Nachricht enthält den „responder validator". Dabei handelt es sich um den gehashten Wert der Kombination des initiator context tags und eines geheimen Schlüssels des Empfängers. Darüber kann er später überprüfen, ob die selben Werte bei der Kontextetablierung

genutzt wurden wie zu Beginn. Als Antwort auf die R1-Nachricht erfolgt daraufhin das Senden von I2 (3.). Diese Nachricht enthält nun die Menge aller Lokatoren-IP-Adressen, die dem Initiator zur Verfügung stehen. Der Empfänger kann dann aus den in I2 enthaltenen Informationen für sich selbst bereits einen Shim6-Kontext etablieren. Im Anschluss daran sendet er seinerseits ein R2-Antwort-Paket, das seine Lokatoren-Menge enthält. Erreicht die R2-Nachricht erneut den Sender (4.), kann dieser ebenfalls den gewünschten Kontext aufbauen und der Vorgang ist beendet.
Ursprünglich war das Shim6-Protkoll dafür konzipiert worden Multihoming - Verbindungen zwischen Hosts zu ermöglichen. Durch im Anschluss an die erste Spezifikation erfolgte Erweiterungen des Protokolls [2] ist es nun auch dazu in der Lage die Mobilität eines Hosts zu berücksichtigen. Shim6 nutzt zu diesem Zweck zwei verschiedene Mechanismen, die jeder für sich ein eigenes Anwendungsszenario bedienen. Generell muss unterschieden werden zwischen dem Verbindungsausfall einer bestehenden Verbindung sowie dem Hinzufügen einer neuen Verbindungsmöglichkeit in den Pool bereits bestehender Lokatoren durch die Mobilität des Hosts. Für den Fall der Verbindungsunterbrechung nutzt Shim6 das sog. Rechability Protocol (REAP). Dies stellt hierfür zwei verschiedene Funktionen bereit. Einerseits die Fehlererkennung (Failure Detection) und andererseits die Exploration von Lokatoren Paaren (Locator-Pair-Exploration). Die Failure Detection sorgt durch das Senden von sog. "Heart-BeatSignalen (vgl. SCTP) in regelmäßigen Abständen dafür, dass der Ausfall einer Verbindung frühzeitig erkannt wird. Wurde der Ausfall einer zur Zeit bestehenden Verbindung festgestellt, so startet dann die Locator-Pair-Exploration die Suche nach einer passenden Alternativ-Route. Für den Fall der Mobilität eines Hosts wird das Konzept der Update- und Response-Nachrichten angewendet. Dieser neue Ansatz wird notwendig, da sich aufgrund der Mobilität des Knotens der initial ausgehandelte Kontext zwischen Mobile Node und deren Kommunikationspartner ständig verändern kann. Er setzt sich aus 3 Schritten zusammen:

1.) Dem Level 2 Handover-Vorgang im ISO/OSI-Modell als solches
2.) Der Konfiguration der neuen Adresse
3.) Dem Senden der Update Request Nachricht durch den Mobile Node an den Care of Node

Diese Nachricht soll den Care of Node dazu veranlassen seine bestehende Liste an Lokatoren entsprechend zu aktualisieren. Ist die Aktualisierung abgeschlossen, so bestätigt dies der Care of Node dem Mobile Node noch entsprechend mit einer Update Acknowledgement Nachricht.
Abschließend gilt es festzuhalten, dass Shim6 den untereinander kommunizierenden Clients Multi-Homing-Verbindungen bei gleichzeitiger Mobilität ermöglicht. Dies geschieht dabei alles auf der Grundlage von IP-Adressen, die als Upper Layer

Identificatoren Verwendung finden und somit die Trennung von Lokatoren und Identifikatoren realisieren.

Die Nutzung von gesonderten IP-Adressen zur Identifikation der Hosts muss jedoch im Hinblick auf den Anwendungsfall der CarToX-Kommunikation kritisch betrachtet werden. Router haben nur einen begrenzten Adressbereich zur eigenen Verfügung. Sind alle Adressen ausgeschöpft, werden alte Adressen zur weiteren Verwendung wieder freigegeben. Bei vielen Teilnehmern kann es dadurch zu einer Adressen-Kollision kommen. Eine IP-Adresse wird dabei fehlerhaft zur Adressierung von zwei verschiedenen Hosts verwendet.

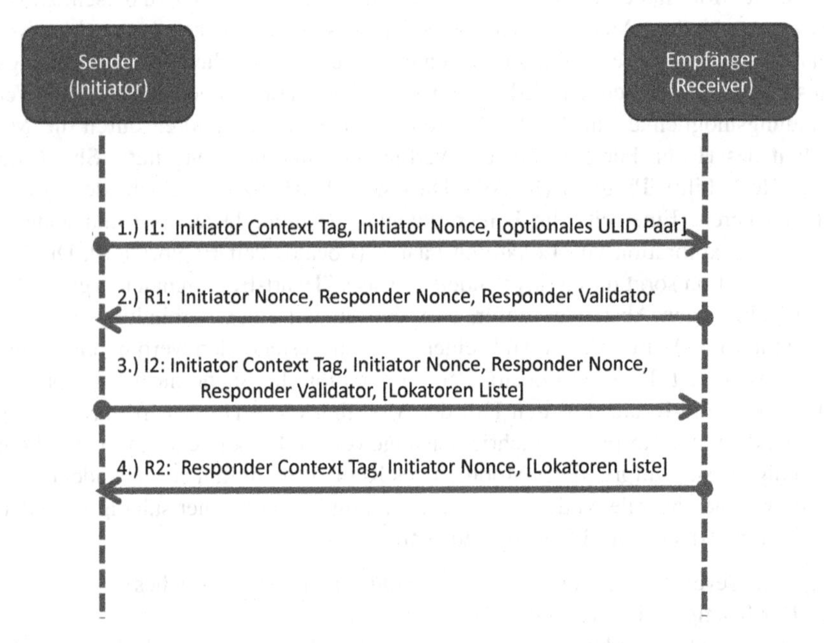

Abb. 4.9 Verbindungsaufbau bei Shim6

4.2 Vor- und Nachteile der Protokolle im CarToX-Kommunikationsszenario

Im Hinblick auf das in meiner Arbeit betrachtete Szenario der CarToX-Kommunikation weist jedes der zuvor vorgestellten Protokolle einige Vor- und Nachteile auf. Diese zeige ich nun im Einzelnen auf.

4.2.1 MPTCP

Bei der anfänglichen Betrachtung erschien das Multipath-TCP-Protokoll als ausgezeichnete Wahl für das Szenario der mobilen Kommunikation wie es im Rahmen der Arbeit erfüllt werden sollte. Multipath-TCP bietet bereits in seiner ursprünglichen Konzeption zahlreiche wichtige Eigenschaften für die CarToX- Kommunikation an. Hierzu zählen u.a. die Unterstützung der Mobilität der Clients, Multipath-Verbindungen mit angepasster Lastverteilung und das make-before-break-Konzept, um eine unterbrechungsfreie Datenübertragung zu gewährleisten. Die Unterstützung von Multipath-Verbindungen ist im Hinblick auf die unterschiedlich kostenintensiven Netze, die dem Automobil zur Verfügung stehen, ein sehr wichtiger Aspekt. Zudem bietet Multipath-TCP den entscheidenden Vorteil einer hervorragenden Abwärtskompatibilität zum heute am meisten genutzten Transport-Protokoll TCP. Probleme mit alter Legacy-Software, die an ein neues Protokoll angepasst werden müssen, treten somit kaum auf. Darüber hinaus umgeht Multipath-TCP bekannte Routing-Probleme wie Ingress-Filterung und NAT-Router, da es zum eigentlichen Transport nur TCP-Verbindungen nutzt, die nahezu alle Router im Netzwerk unterstützen.
Die fast vollständige Kompatibilität zum TCP-Protokoll stellt jedoch bei genauerer Betrachtung auch eine der größten Schwächen von Multipath-TCP dar. Die Bereitstellung der Mobilität für Anwendungsprotokolle höherer Ebenen auf der Transportebene des ISO/OSI-Layer-Schichtenmodells verhindert, dass andere Transport-Protokolle wie z.B. UDP [43], SCTP [52] und DCCP [31] von der Mobilität ebenfalls profitieren können. Ein breiteres Einsatzgebiet abseits der unterstützten TCP-Verbindungen ist somit nicht möglich. Auch die Steuerungsmechanismen zur Fluss- und Überlastkontrolle, die Multipath-TCP von TCP übernimmt, sind für Szenarien wie das CarToX-Kommunikationsszenario, die einen hohen Jitter oder Verbindungen mit stark variierender Bandbreite (heterogene Netze) aufweisen, nicht optimal geeignet. Dies zeigen z.B. die Untersuchungen von Kuptsov et al. [34], in denen er die Performance von Mulitpath-TCP im

Vergleich zu der des Host Identity Protokolls im Hinblick auf heterogene Netze stellt.

MPTCP bietet viele Vorteile, beschränkt sich bei der Realisierung von Mobilität jedoch ausschließlich auf TCP-Verbindungen. Da ich jedoch eine vollständige Kommunikation zwischen Fahrzeug und Webservern anstrebe, möchte ich weitere Transport-Layer-Protokolle wie z.B. UDP nicht aus meiner Betrachtung ausschließen. Daher habe ich MPTCP nicht in die engere Protokollauswahl genommen. Die von ihm verwendeten Konzepte aber berücksichtigt.

4.2.2 SCTP

Das Stream Control Transmission Protocol unterstützt die Konzepte Mobilität, Multihoming und Loadsharing ebenfalls. Diese wurden jedoch teilweise erst durch Erweiterungen des Standards [11] ,[46] ergänzt. Ursprünglich waren die zur Verfügung stehenden Datenleitungen nur als Backup gedacht, um Ausfälle der bestehenden Datenleitungen abfangen zu können.
Das Stream Control Transmission Protocol weist im Vergleich zu den Protokollen der Mobile IP Familie den entscheidenden Vorteil auf, dass es auf eine vorgegebene Zwischenstation (bei Mobile IP auch als Home Agent bezeichnet) verzichten kann. Die SCTP Pakete fließen ganz normal über die von IP vorgegebenen Routen (siehe [26] Abschnitt 5).
SCTP hat also auch zwei bedeutende Nachteile, die dessen stärkere Verbreitung sicherlich maßgeblich bis in die heutigen Tage (Stand Dezember 2014) behindert haben[3]. Zum einen verwendet SCTP einen anderen IP Header, als dies z.B. bei TCP der Fall ist. Das bedeutet, dass insbesondere alte NAT-Router, denen das Stream Control Transmission Protocol noch unbekannt ist, die entsprechenden Pakete als ungültig verwerfen. Zum anderen verwendet SCTP eine neue Netzwerk-API (siehe u.a. [26] Abschnitt 5) für die darüber liegenden Applikationen. Diese ist nicht mehr vollständig kompatibel zur Funktionalität, die das bekannte TCP-Protokoll zur Verfügung stellte. Das führt dazu, dass sämtliche älteren Applikationen (eng. Legacy-Software), die zuvor mit Hilfe von TCP operierten, nun zunächst einmal entsprechend an die neue Schnittstelle angepasst werden müssen. Dies ist natürlich sehr zeitaufwändig und daher meist unerwünscht.

Das SCTP-Protokoll benötigt somit viele notwendige Anpassungen bestehender Infrastruktur und sogar die Modifikation vorhandener Applikationen. Es erscheint mir aus diesem Grund für die weitere Betrachtung im Hinblick auf den Anwendungsfall der CarToX-Kommunikation ungeeignet.

[3] http://www.heise.de/netze/artikel/Multipath-TCP-auf-dem-Sprung-zum-Standard-2127709.html

4.2.3 Mobile IPv6

Mobile IPv6 bietet im Vergleich zu den zuvor betrachteten Protokollen MPTCP und SCTP den entscheidenden Vorteil, dass es die Konzepte der Mobilität und durch Erweiterungen des ursprünglichen Konzeptes auch des Multihomings [3], [58], [9] bereits auf der IP-Layer-Ebene des ISO/OSI-Modells zur Verfügung stellt. Das IP-Protokoll wird im Allgemeinen als der kleinste gemeinsame Nenner im Schichtenaufbau der Internets angesehen und daher oft auch symbolisch als die engste Stelle einer Sanduhr [16] beschrieben. Ein Ansatz wie Mobile IP ermöglicht es somit allen Transportschicht-Protokollen (z.B. auch UDP) von den neuen Möglichkeiten der Mobilität und des Multihomings zu profitieren. Die Verwendung eines Home Agents zur Verwaltung der mobilen Knoten wird jedoch oft als ein Nachteil angesehen. Dies liegt einerseits darin begründet, dass der Home Agent als potentielle neue Fehlerquelle gesehen werden kann. Außerdem werden dadurch immer vier Nachrichten, anstatt der bei einer Direktverbindung notwendigen zwei Nachrichten (Datenpaket und Empfangsbestätigung) übertragen, da die Informationen erst an den Home Agent und dann von diesem weiter geleitet werden müssen. Als Resultat daraus gibt es im Zusammenhang mit IPv6 jedoch auch bereits Bemühungen, um auf den Home Agent verzichten zu können [12]. Untersuchungen von Gwon et al. [25] haben zudem gezeigt, dass Mobile IPv6 in größeren Szenarien (100.000 simulierte mobile Netzknoten) für den Anwendungsfalls der CarToX-Kommunikation zu sehr hohen Latenzzeiten (1200 msec) neigt. Das Mobile IPv6 Protokoll erweiternde Ansätze wie Proxy Mobile IPv6 und Fast Mobile IPv6 adressieren dieses Problem jedoch bereits.

Aus den genannten Gründen erscheint mir Mobile IPv6 daher als sehr gute Grundlage für mein eigenes Anwendungsszenario. Besonders die Transport-Protokoll übergreifende Realisierung der Mobilität spricht für dessen Nutzung.

4.2.4 Proxy Mobile IPv6

Durch den Einsatz der Mobile Access Gateways (MAGs) gelingt es dem Proxy Mobile IPv6 Konzept die ursprüngliche Idee des hostbasierten Mobile IPv6 in einen rein netzwerkbasierten Ansatz umzuwandeln. Dabei übernehmen die Access Router im Netzwerk die notwendige Kompetenz zur Gewährleistung der Mobilität von den Mobile Nodes. Diese werden somit entscheidend entlastet, zudem können ältere Systeme so direkt von der Mobilität profitieren ohne dafür selbst Änderungen an sich vornehmen zu müssen. Als weitere Veränderung zu Mobile

IPv6 gilt die Verwendung eines Proxy-Servers (Local Mobility Anchor) zur Kommunikation mit dem restlichen Internet. Insbesondere im Hinblick auf die Anbindung alter Legacy-Server des Internets (durch das Protokoll) ist diese Eigenschaft von entscheidender Bedeutung. Ein hostbasierter Ansatz würde im Gegensatz dazu eine grundlegende Erneuerung sämtlicher bestehender Server-Systeme notwendig machen. Im Falle des Proxy Mobile IPv6 Protokolls übernimmt dagegen ein zwischengeschalteter Proxy-Server die Vermittlungsaufgabe zwischen den alten Legacy-Systemen und denen zum Protokoll kompatiblen Geräten. Eine entsprechende Anpassung der Altgeräte ist somit nicht notwendig.
Rasem [44] fasst in seiner Thesis die Vorteile von Proxy Mobile IPv6 gegenüber Mobile IPv6 in drei prägnanten Schlagworten zusammen:
1.) Einführungsvorteil: Sobald die notwendige Netzwerk-Infrastruktur (bestehend aus Mobile Access Gateways und einem Proxy-Server) aufgebaut wurde, können sämtliche mobilen Endgeräte von der Protokoll-Mobilität profitieren.
2.) Performanz: Der Nachrichten-Overhead über die Luftschnittstelle wird durch die Verlagerung der Kontrolldaten-Kommunikation ins Backend des Systems deutlich reduziert.
3.) Kontrollierbarkeit: Der Netzbetreiber hat durch den netzwerkbasierten Ansatz eine wesentlich bessere Kontrolle über die Angebote, die er den Kunden gegenüber machen kann (spezielle Service Angebote, Präferenzen in der Quality of Service für den spezifischen Endkunden usw.). Da Proxy Mobile IPv6 im Kern jedoch auf den Konzepten von Mobile IPv6 beruht, sind in dessen Grundstandard noch nicht alle bekannten Problemen restlos gelöst. Hierzu zählen z.B. die hohen Handover-Latenzen, die im Folgenden auch vom Fast Mobile IPv6 Protokoll adressiert werden. Es gibt jedoch hier bereits zahlreiche konkrete Ansätze [30], [41],[23] ,[15], die die Situation für Proxy Mobile IPv6 diesbezüglich verbessern.

Proxy Mobile IPv6 erweitert Mobile IPv6 um wesentliche Konzepte. Es findet daher in meiner weiteren Betrachtung ebenfalls eingehende Berücksichtigung.

4.2.5 Fast Mobile IPv6

Gwon et al. [25] ermittelten in einer groß angelegten Simulation (100.000 mobile Netzknoten) zum Teil sehr hohe Latenzzeiten (bis zu 1200 ms - siehe Fig. 5. in [25]) bei der Verwendung des Mobile IPv6 Protokolls. Das Fast Mobile IPv6 Protokoll erzielt im Vergleich dazu in der Simulation wesentlich bessere Ergebnisse (Timeout-Latenz von nur 200 ms während des Handover-Vorgangs). Die Leistungsfähigkeit der dabei eingesetzten Konzepte konnte somit bestätigt werden.

Torrent-Moreno et al. [53] zeichnen in ihren Untersuchung ein differenzierteres Bild bezüglich der Performanz des Fast Mobile IPv6 Protokolls. Die allgemeine Leistungsverbesserung des Fast Mobile IPv6 Protokolls im Vergleich zu Mobile IPv6 konnte von ihnen bei den betrachteten Szenarien zwar überwiegend bestätigt werden. Es gab jedoch auch betrachtete Konfigurationen, in denen der zusätzlich Overhead des Fast Mobile IPv6 Protokolls eine Verschlechterung der Performanz im Vergleich zu Mobile IPv6 erzeugte. Beispielhaft wurden hierfür VoIP-Verbindungen genannt, die viele kleine Datenpakete mit vergleichsweise geringer Datenübertragungsrate senden.
Die durch das Fast Mobile IPv6 Protokoll eingeführten Konzepte sollen die notwendige Zeit zur Durchführung eines Handovervorgangs unter der Verwendung einer einzelnen physikalischen Netzwerkschnittstelle (z.B. eine einzelne WLAN-Verbindung) optimieren. Im Hinblick auf die Anwendung im CarToX-Kommunikationsszenario bin ich davon überzeugt, dass das Fast Mobile IPv6 Protokoll demnach eine lohnenswerte aber nur optionale Verbesserung der zu erwartenden Verbindungsqualität darstellt. In meiner konkreten Betrachtung gehe ich davon aus, dass das Fahrzeug über mehrere physikalische Schnittstellen (z.B. WLAN- und Mobilfunkverbindungen) angebunden ist. Demnach können Verbindungen parallel zueinander aufgebaut werden. Die von Fast Mobile IPv6 eingeführten Optimierungen des Handovervorgangs fallen somit nicht mehr wesentlich ins Gewicht.

Ich sehe daher Fast Mobile IPv6 als interessante Erweiterung von Mobile IPv6 an. Sie stellt jedoch für meinen konkreten Anwendungsfall unter Berücksichtigung von Multihoming nur eine mögliche zusätzliche Option dar. Ich habe es daher für mein eigenes Design nicht weiter betrachtet.

4.2.6 NEMO

NEMO ist im Hinblick auf das Szenario der CarToX-Kommunikation nur eine Erweiterung des Mobile IPv6 Protokolls, bei der der Mobile Node zu einem Mobile Router ausgebaut wird. Dadurch können andere Geräte von der Möglichkeit einer mobilen Internetanbindung profitieren, ohne das Protokoll dafür unterstützen zu müssen. Der Mobile Router versorgt diese Geräte mit. Dieses Unterscheidungsmerkmal bringt jedoch keine zusätzlichen Vor- oder Nachteile für die Anwendung in der CarToX-Kommunikation mit sich. Das NEMO-Protokoll ist daher hinsichtlich seiner für das Szenario relevanten Stärken und Schwächen mit Mobile IPv6 gleichzusetzen.

Die Anbindung von mobilen Endgeräten der Passagiere ist eine interessante Anwendung. Der Fokus meiner Arbeit liegt jedoch auf der Internetanbindung eines individuellen Fahrzeugs. Das NEMO-Protokoll wurde von mir aus diesem Grund nicht weiter berücksichtigt.

4.2.7 ILNP

Das Identifier Locator Network Protocol [6] ermöglicht zahlreiche der für das CarToX-Kommunikationsszenario benötigten Funktionen. Hierzu zählen die Mobilität des Clients, Multihoming und eine Ende-zu-Ende-Datenflusssteuerung. Darüber hinaus ist das Protokoll noch sukzessive einführbar. Bestehende Netzwerkrouter können die ILNP-Datenpakete korrekt weiterleiten, auch ohne dass sie das Protokoll hierfür unterstützen. Bei ILNP handelt es sich jedoch um ein hostbasiertes Protokoll. Das bedeutet, dass auch die Legacy Server im CarToX-Kommunikationsszenario eine entsprechende Anpassung erfahren müssten, um das Protokoll verwenden zu können. Dieser Sachverhalt wurde im Hinblick auf die konkrete Umsetzbarkeit des Protokolls auch bereits stark diskutiert [4, 5]. Die von den Entwicklern [6] gelobte Verlagerung der Funktionalität des Protokolls aus der Netzwerkinfrastruktur in die Hosts wird dabei oftmals als großes Problem angesehen. Zusätzlich hierzu müsste auch eine Anpassung der zu verwendenden Applikationen durchgeführt werden, sofern sie zur Adressierung die direkte IP-Adresse verwenden und nicht wie vom ILNP-Protokoll benötigt den Full Qualified Domain Name (FQDN). Ebenso ist die von ILNP durchgeführte Aufteilung der 128-Bit-IPv6-Adresse in einen Identifier- und einen Locator-Teil zu jeweils 64 Bit mit Vorsicht zu betrachten. Nicht jeder Access Point wird unbedingt einen 64 Bit großen Adressraum zur Nutzung anbieten können. Die Menge der dadurch zur anderweitigen Nutzung blockierten IP-Adressen ist enorm. Die positiven Einflüsse der durch das IPv6-Protokoll angestrebten Aufhebung der Adressknappheit, wie sie bei IPv4 mittlerweile auftritt, werden dadurch entscheidend geschmälert. Ein weiterer Kritikpunkt im Hinblick auf den Einsatz des Protokolls im CarToX-Kommunikationsszenario ist die Verwendung des Domain Name Systems zur Identifikation der Hosts. Bereits der einmalige Wechsel einer IP-Adresse zur Identifikation eines Hosts kann zu Problemen führen [6]. Lange Aktualisierungszei-

[4] http://www.irtf.org/pipermail/rrg/2008-November/000169.html

[5] http://psg.com/lists/rrg/2008/msg02464.html

[6] https://support.managed.com/kb/a604/dns-propagation-and-why-it-takes-so-long-explained.aspx

ten sind bei DNS keine Seltenheit. In dieser Zeit weist der DNS-Cache des verwendeten Internet Service Providers fehlerhafte Informationen auf. Für das CarToX-Kommunika-tionsszenario, bei dem ein ständiger Wechsel der IP-Adresse der mobilen Hosts erfolgt, ist ein solches Verhalten nicht akzeptabel.

Aus den genannten Gründen erachte ich daher das ILNP-Protokoll für die Verwendung in dem von uns betrachteten Szenario als nicht geeignet.

4.2.8 HIP

Das Host Identity Protocol weist von allen betrachten Protokollen die größte Sicherheit auf. Es bietet Schutz gegenüber Denial of Service und sogar Man in the Middle Attacken. Zudem gewährleistet HIP wie auch das Mobile IPv6 Protokoll Mobilität für alle Transport-Layer-Protokolle.

Beim Host Identity Protocol handelt es sich jedoch ebenfalls um ein hostbasiertes Protokoll. Erschwerend kommt hierbei noch hinzu, dass im Gegensatz zu ILNP und Shim6 sogar eine vollständig neue Zwischenschicht zwischen das Netzwerk-Layer und das Transport-Layer eingeführt werden muss, um das Protokoll zu nutzen.

Die Kontextetablierung des Host Identity Protocols ist aufgrund der angestrebten hohen Sicherheit im Vergleich zu den anderen Protokollen sehr aufwändig. Zusätzlich zu einem initialen Diffie-Hellman-Schlüsseltauschverfahren muss die die Verbindung etablierende Partei auch noch ein rechenintensives Rätsel lösen, um dadurch den Status einer vertrauenswürdigen Entität zu erhalten.

Die durch HIP als hostbasiertes Protokoll notwendigen Anpassungen der Hosts erachte ich für mein Anwendungsszenario als nicht sinnvoll umsetzbar. Die von HIP eingeführten Sicherheitsmechanismen sind zudem sehr komplex und rechenintensiv. Zur Anwendung im Automobilbereich erscheint mir das Protokoll daher ungeeignet. Ich habe dennoch Konzepte daraus, wie z.B. die Identifikation der Hosts über HITs, für meine eigene Spezifikation berücksichtigt.

4.2.9 Shim6

Das Shim6 Protokoll stellt für das von uns betrachtete Kommunikationsszenario Mobilität und Multihoming-Funktionalität zur Verfügung. Multihoming wurde dabei bereits zur Beginn der Konzeption des Protokolls nicht nur als Möglichkeit zur Ausfallsicherung angesehen, sondern auch zum Einsatz für die konkrete Lastverteilung auf die verschiedenen nutzbaren Verbindungskanäle entwickelt. Shim6 bietet zudem aufgrund seines Aufbaus Schutz vor Denial of Service Attacken. Das Protokoll verfolgt jedoch ebenfalls einen hostbasierten Ansatz, der die Einführung im CarToX-Kommunikationsszenario wie auch bei ILNP enorm erschwert. Zudem wird der Shim6-Kontext durch einen 4-Wegehandshake erst nach Ablauf einer gewissen Zeit (im Regelfall nach dem Austausch einer gewissen Anzahl an Datenpaketen) etabliert. Sehr schnelllebige Verbindungen, wie man sie im CarToX-Kommunikationsszenario erwartet, sind somit ungeeignet für den Einsatz des Protokolls. Auch die weitergeführte Nutzung der IP-Adresse zur Identifikation der Hosts durch Shim6 ist für das betrachtete Szenario ein wesentlicher Nachteil. Access Points, die eine zur Host-Identifikation vergebene IP-Adresse verwalten, haben nur einen begrenzten Adressraum zur eigenen Verfügung. Ist dieser ausgeschöpft, werden bereits vergebene IP-Adressen zur erneuten Verwendung wieder freigegeben. Dadurch besteht im Hinblick auf das CarToX-Kommunikationsszenario, bei dem viele Teilnehmer zu erwarten sind, die Gefahr einer Kollision der IP-Adressen.

Aus diesem Grund halte ich auch Shim6 für den von mir betrachteten Anwendungsfall als unbrauchbar.

In den Tabellen 4.2 und 4.3 habe ich noch einmal die soeben betrachteten Vor- und Nachteile der Protokolle in einer Übersicht zusammen gefasst.

Tabelle 4.2 Vor- und Nachteile der betrachteten Protokolle im Hinblick auf das CarToX-Kommunikationsszenario nochmals in der Übersicht zusammen gefasst.

Protokoll:	MPTCP	SCTP	Mobile IPv6	Proxy Mobile IPv6	Fast Mobile IPv6
Vorteile:	Unterstützt Mobilität, Multihoming, Load-Sharing und make-before-break Abwärtskompatibel zu TCP Keine Probleme mit Ingress-Filterung und NAT-Routing	Unterstützt Multihoming, Load-Sharing und mit Erweiterungen auch Mobilität [46].	Gewährleistet Mobilität und Multihoming bereits auf Netzwerk-Layer-Ebene. → Transportprotokolle profitieren davon.	Netzwerkbasierter Ansatz → Keine neuen Anforderungen an bestehende Hosts. Nachrichten-Overhead wird von teurer Luftschnittstelle ins Backend des Netzes verlagert [44]. Proxy-Server schafft für den Netzbetreiber zusätzliche Möglichkeiten für neue Angebote und Kontrollmechanismen.	Entscheidende Verbesserung der Latenz des Handovervorgangs im Vergleich zu Mobile IPv6 [25] .
Nachteile:	Mobilität nur für Application-Layer-Protokolle - nicht für andere Transportschicht-Protokolle. In heterogenen Netzen nicht so performant wie z.B. HIP [34]	Inkompatibel zu NAT-Routern wegen verändertem IP-Header. Legacy-Software benötigt Anpassung an neue API.	Home Agent ist neue potentielle Fehlerquelle. Weiterleitung über Home Agent erhöht Latenz und Anzahl der zur Übertragung notwendigen Pakete.	Basiert auf Mobile IPv6 → Nicht alle Probleme gelöst. Erst ergänzende Verbesserungen adressieren diese [30], [15], [23], [41]. Proxy-Server ist potentieller Single-Point-of-Failure.	Eingeführter Overhead kann zu einer Verschlechterung der Leistung im Vergleich zu Mobile IPv6 führen (z.B. bei einer VoIP-Verbindung) [53] Im CarToX-Kommunikationsszenario sind mehrere physikalische Schnittstellen verfügbar → Eingeführte Konzepte nur noch optionale Verbesserung

Tabelle 4.3 Vor- und Nachteile der betrachteten Protokolle im Hinblick auf das CarToX-Kommunikationsszenario nochmals in der Übersicht zusammen gefasst.

Protokoll:	**NEMO**	**ILNP**	**HIP**	**Shim6**
Vorteile:	Wie bei Mobile IPv6.	Unterstützt Mobilität, Multihoming und Ende-zu-Ende-Datenflusskontrolle. Protokoll ist sukzessive einführbar. Alte Router können ILNP-Pakete dennoch weiterleiten.	Unterstützt Mobilität und Multihoming (auch zur direkten Lastverteilung und nicht nur zur Ausfallsicherung). Bietet Schutz vor Denial of Service Attacken.	Protokoll mit der höchsten Sicherheit unter allen betrachteten Kandidaten Sicher gegenüber Denial of Service Attacken und Man in the Middle Angriffen Mobilität für alle Transport-Layer-Protokolle
Nachteile:	Wie bei Mobile IPv6.	Hostbasierter Ansatz→ Anpassung bestehender Legacy Systeme notwendig. Anpassung von Applikationen ist notwendig, wenn sie zur Adressierung nicht den Fully Qualified Domain Name (FQDN) verwenden.	Hostbasiertes Protokoll Funktionalität wird durch ein sehr schwierig umzusetzendes Zwischenlayer zwischen Network- und Transport-Layer realisiert. Kontextetablierung ist sehr aufwändig (Diffie-Hellman-Schlüsseltausch, Berechnung eines „Rätsels“, ...).	Shim6 ist ein hostbasiertes Protokoll. Shim6-Kontext wird erst nach einem gewissen Datenaustausch etabliert. Das Protokoll ist daher eher ungeeignet für schnelllebige Verbindungen.

Kapitel 5
Konzept

5.1 Proxy-Unloading-Protokoll

Im folgenden Abschnitt stelle ich mein eigenes Protokollkonzept vor. Ich betrachte hierfür zunächst die unter den zuvor aufgeführten Protokollen gebräuchlichen Lösungsansätze. Aus diesen leite ich die grundlegende Idee für meinen eigenen Protokollentwurf ab.

5.1.1 Host-, netzwerk- und proxybasiertes Protokolldesign im Vergleich

Die im vorangegangenen Kapitel betrachteten Protokolle lassen sich alle einem übergeordneten Lösungsschema zuordnen. Hostbasierte, netzwerkbasierte und proxybasierte Protokolle weisen im Hinblick auf die direkte Verwendung im CarToX-Kommunikationsszenario unterschiedliche Vor- und Nachteile auf. Die Entscheidung zwischen den drei Lösungskonzepten stellt somit einen wesentlichen Designschritt für meinen eigenen Protokollentwurf dar.

Die Stärken der hostbasierten Realisierung liegen im Funktionsumfang und der dabei erreichbaren Performanz des zu konzipierenden Protokolls. Protokolle, bei denen die spezifische Anpassung aller beteiligten Endgeräte möglich ist, lassen sich sehr exakt für den jeweiligen Anwendungsfall modellieren. Deren hohe Leistungsfähigkeit wird jedoch auf Kosten ihrer Umsetzbarkeit in bestehenden Netzwerken erkauft. Vorhandene Netzwerkinfrastruktur wie z.B. Legacy-Server, NAT-Router und Firewalls müssen erst angepasst werden, um das Protokoll zu unterstützen. Andernfalls werden Datenpakete, die mit Hilfe des hostbasierten Protokolls übertragen werden, von ihnen als fehlerhaft angesehen und verworfen. Eine direkte Umsetzung eines solchen Protokollentwurfs zur Anbindung von Automobilen an das Internet betrachte ich daher als praktisch nicht durchführbar. Bestehende Legacy-Systeme können nur schrittweise umgerüstet oder durch neue Geräte ersetzt werden. Selbst dann ist eine vollständige Unterstützung des Protokolls so kaum zu erreichen.

Netzwerkbasierte Entwürfe wie das Mobile IPv6 erweiternde Proxy Mobile IPv6 verlagern aus diesem Grund die notwendigen Modifikationen von den Hosts in das sie verbindende Netzwerk. Eine Anpassung der mobilen Hosts ist dadurch nicht mehr notwendig. Die Netzwerkinfrastruktur gewährleistet ihre Mobilität.

Proxy Mobile IPv6 ist zudem proxybasiert. Auch die im Internet befindlichen Legacy-Server können dadurch ohne weitere Anpassung von Beginn an über das Protokoll kommunizieren.

Die Kombination von netzwerk- und proxybasiertem Ansatz, wie sie bei Proxy Mobile IPv6 der Fall ist, sehe ich daher als ein sehr gelungenes Konzept an, das die Einführung und die langfristige Etablierung eines Protokolls enorm erleichtert.

Der netzwerkbasierte Ansatz von Proxy Mobile IPv6 lässt sich für das von mir betrachtete CarToX-Kommunikationsszenario jedoch leider nicht vollständig übernehmen. Der Grund hierfür ist, dass für die von mir angestrebte, unterbrechungsfreie Datenübertragung unter Verwendung des Multihoming-Features mehrere physikalische Schnittstellen erforderlich sind. Dies macht entsprechende Anpassungen des mobilen Hosts notwendig. Konzeptuell muss man dabei auf die Spezifikation von Mobile IPv6 zurückgreifen. Nur so kann für die Anwendungen des Hosts Transparenz hinsichtlich der zugewiesenen IP-Adresse sichergestellt werden (vgl. [1]). Diese Notwendigkeit sehe ich jedoch durch den kontinuierlichen Verkauf von neuen Automobilen zukünftig als umsetzbar an.

Den Einsatz eines Proxy-Servers zur initialen Anbindung der mobilen Hosts an die bestehenden Server des Internets erachte ich als notwendig. Nur so kann eine alle Server umfassende Kommunikation gewährleistet werden. Dieser Vorteil muss jedoch durch den Einsatz von ergänzender Hardware erkauft werden. Der Proxy-Server als zusätzliche Einheit stellt dabei eine weitere potentielle Fehlerquelle dar. Der Ausfall des Servers würde zum Versagen der Kommunikation führen (Single Point of Failure).

Aus der Diskussion wird deutlich, dass für die mobile Kommunikation im Rahmen des CarToX-Szenarios keine der abstrakten Lösungsansätze für sich gesehen sinnvoll zu verwenden ist.

[1] http://en.wikipedia.org/w/index.php?title=Proxy_Mobile_IPv6&oldid=664739548

Ich habe daher für den Entwurf meines Proxy-Unloading-Protokolls einen hybriden Ansatz gewählt, der die Stärken aller drei Konzepte miteinander kombiniert. Ihn beschreibe ich im folgenden Abschnitt.

5.1.2 Grundlegende Idee

Ich bin davon überzeugt, dass für die Anbindung bestehender Internet-Legacy-Server über das Proxy-Unloading-Protokoll die Verwendung eines **Proxy-Servers** unumgänglich ist. Besonders zu Beginn, in der Einführungsphase meines Protokolls, stellt er die Kommunikation zwischen mobilen Hosts und dem Internet sicher. Mit zunehmender Verbreitung des Protokolls steigt dann die Anzahl der Verbindungen, die durch den Proxy Server zu verwalten sind. Die wachsende Belastung des Proxy Servers lässt dessen Ausfallrisiko ansteigen. Die initialen Vorteile des Proxy-Servers können sich somit negativ auf den weiteren Einsatz des Protokolls auswirken. Dieses Problem möchte ich durch meinen Entwurf lösen.

Der grundlegenden Gefahr eine Überlastung kann der Betreiber des Proxy Servers (z.B. der Automobilhersteller für seine Autokunden) durch den Zukauf von weiterer Hardware begegnen. Dies ist durch die immer weiter steigende Anzahl von zu versorgenden Automobilen jedoch mit kontinuierlichen Kosten verbunden.

Durch meinen Protokollentwurf möchte ich einen besseren Lösungsweg anbieten. Die **nachhaltige Entlastung** des Proxy Servers ist daher mein erster Design-Schwerpunkt.

Mit der steigenden Nutzung des Protokolls steigt auch dessen Akzeptanz unter den Serverbetreibern. Diesen Sachverhalt will ich ausnutzen. Das Proxy-Unloading-Protokoll soll gezielt Anreize schaffen, um die Hoster dazu zu motivieren ihre eigenen Systeme auf das Protokoll umzurüsten. Vor einer entsprechenden Umrüstung übernimmt der Proxy-Server die Vermittlung zwischen Server und Fahrzeug. Dabei erhält dieser durch das Proxy-Unloading-Protokoll auch die Möglichkeit eine aktive Steuerung des Datenflusses vorzunehmen. Durch diese lässt sich die Verbindungsqualität des Fahrzeugs aktiv bei der Datenübertragung berücksichtigen und das Nutzererlebnis somit entscheidend verbessern. In diesem Konzept sehe ich großes Entwicklungspotential, das von vielen bisherigen Protokollentwürfen kaum berücksichtigt wird. Die **aktive Datenflusskontrolle** stellt aus diesem Grund den zweiten Design-Schwerpunkt meines Protokolls dar.

Wenn jetzt die Server der Dienstanbieter selbst das Proxy-Unloading-Protokoll unterstützen, können sie auch selbst diese Datenflusskontrolle durchführen. Das Proxy-Unloading-Protokoll ermöglicht dann eine **direkte Kommunikation** zwischen Server und mobilem Knoten. Der Proxy-Server wird nur noch zum Verbindungsaufbau benötigt. Die durch die direkte Kommunikation verringerte Latenz bei Unterstützung des Protokolls verschafft den Betreibern einen Vorteil gegenüber Wettbewerbern. Mit diesem können sie dann aktiv um potentielle Kunden werben. Auch neue Dienste und Services, die vom Serverbetreiber angeboten werden können, sind durch die aktive Flusskontrolle denkbar. Das priorisierte Senden von Daten ist z.B. ein möglicher Verwendungszweck.

5.1.3 Zusammenstellung der notwendigen Konzepte

Um die zuvor beschriebene Idee in einem konkreten Protokoll umsetzen zu können, stelle ich nun die von mir dafür benötigten Konzepte und Mechanismen zusammen. Dafür nutze ich bereits vorhandene Lösungsansätze aus den zuvor betrachteten Protokollen und lasse meine eigenen Idee mit einfließen.

Nach der eingehenden Betrachtung der vorgestellten Protokolle bin ich zu dem Schluss gekommen, dass zur Anbindung eines Automobils an das Internet der durch die Mobile IPv6 Protokollfamilie präsentierte Ansatz am besten geeignet ist. Mobile IPv6 und seine Derivate stellen Mobilität bereits auf Netzwerkebene zur Verfügung. Sämtliche darauf aufbauende Transport Layer Protokolle werden somit mobil gemacht. Eine generelle Nutzung aller denkbaren Anwendungen des Internets wird dadurch sichergestellt. MPTCP dagegen führt die Mobilität erst auf Tranpsort Layer Ebene ein und stellt diese damit nur dem TCP-Protokoll zur Verfügung. Es ist daher für den von mir betrachteten Anwendungsfall, bei dem ich auch andere Transport Layer Protokolle wie z.B. UDP berücksichtigen muss, nicht verwendbar.

Zur Anbindung sämtlicher im Internet vorhandener Server ist das Proxy Mobile IPv6 Protokolls [32] der effizienteste Ansatz. Der von ihm verwendete Proxy Server stellt eine Kommunikation sicher, ohne das die bereits existierenden Legacy-Systeme dafür angepasst werden müssen. Proxy Mobile IPv6 lässt sich jedoch nicht direkt als Grundlage meines eigenen Protokollentwurfs nutzen. Zur Realisierung des von mir angestrebten unterbrechungsfreien Übergangs von einem Access Point zu seinem Nachfolger ist die Unterstützung des make-before-break-Konzepts erforderlich. Die dafür notwendige Umsetzung des Multihoming- Konzeptes macht Modifikationen an den Mobile Nodes [2]) unumgänglich. Diese Modifikationen sind meines Erachtens durch die Automobilhersteller realisierbar. In ihren neuen Fahrzeugmodellen kann die hierfür erforderliche Technik eingebaut werden. Dadurch schafft man gleichzeitig neue Kaufanreize für potentielle Kun-

[2] http://en.wikipedia.org/w/index.php?title=Proxy_Mobile_IPv6&oldid=664739548

den. Ich wähle aus diesem Grund Mobile IPv6 als Basis meines eigenen Protokollentwurfs. Der dabei zum Einsatz kommende Home Agent wird aber auch wie bei Proxy Mobile IPv6 die zusätzliche Funktion eines Proxy Servers haben, um damit Legacy Server ansprechen zu können. Komplexe Modifikationen an bereits bestehender Infrastruktur, wie dies z.B. bei der Verwendung von HIP notwendig ist, werden dadurch vermieden. Das durch die Verwendung des Proxy Servers geschaffene Risiko eines Single Point of Failure löse ich in meinem Protokollentwurf durch einen eigenen Entlastungsmechanismus, den ich im Abschnitt 5.2.4 näher beschreibe.

Aufgrund der zu erwartenden Anzahl an Teilnehmern und der zur Versorgung der Automobile mit Car-Wifi notwendigen Mengen von Access Points sind die individuell zur Verfügung stehenden IP-Adressräume klein. Protokolle, die die IP-Adresse zur langfristigen Identifikation einsetzen (Shim6) oder keine sparsame Verwendung ermöglichen (ILNP) sind daher ungeeignet. ILNP ist zudem durch die Verwendung des Domain Name Systems für die zeitkritische Anwendung im CarToX-Kommunikationsszenario nicht nutzbar.

Den von Mobile IPv6 zur Identifikation eingesetzten Ansatz von Binding Cache und Binding List erweitere ich für das Proxy-Unloading-Protokoll. Die von mir Flow-Binding-Table genannte Tabelle ermöglicht neben der eindeutigen Identifikation der Hosts auch die angestrebte regelbasierte Steuerung des Datenflusses. Die zur Steuerung notwendige Identifikation der Pakete ist dabei ein grundlegender Designschwerpunkt, den ich im folgenden Abschnitt betrachte. Durch die Flow-Binding-Table wird es dem Home Agent oder auch dem Correspondent Node (wenn er das Protokoll selbst unterstützt) möglich den Datenverkehr gezielt an die Verbindungsqualität und Ansprüche des Mobile Nodes anzupassen. Durch die damit erreichbare Verbesserung des Nutzungserlebnisses hebt sich das Proxy-Unloading-Protokoll weiter von existierenden Protokollen ab.

5.2 Design Schwerpunkte

Nach der grundlegenden Zusammenstellung der für das Proxy-Unloading-Protokoll benötigten Konzepte gehe ich nun genauer auf die Design-Schwerpunkte meines Entwurfs ein. Ich diskutiere zunächst die für die Paketidentifikation zur Verfügung stehenden Ansätze. Danach beschreibe ich das für die Steuerung des Datenflusses gewählte Verfahren. Abschließend erkläre ich den Mechanismus zur Entlastung des Proxy-Servers.

5.2.1 Vergleich von Flow Source Adresse, Flow Label und Deep Packet Inspection

Für die zur Kontrolle des Datenflusses erforderliche exakte Paketidentifikation gibt es vielfältige Lösungsansätze. Die für die Verwendung im Proxy-Unloading-Protokoll getroffene Auswahl erläutere ich nun.

Der erste von uns betrachtete Lösungsansatz ist vom Host Identity Tag des HIP Protokolls inspiriert. Er sieht den Einsatz eines von uns als Flow Source Address bezeichneten Identifikators vor. Dieser ersetzt die ursprüngliche Absender-IP-Adresse des Datenpaketes und wird hierzu aus dessen Informationen erzeugt. Sender- und Empfänger-IP-Adresse sowie die dazugehörigen Ports werden als Eingabewerte für eine Hashfunktion verwendet. Diese generiert aus den über- gebenen Werten die entsprechende Flow Source Address. Diese wiederum kann dann den entsprechenden Absender und auch die konkrete Verbindung des durch sie gekennzeichnetes Pakets identifizieren. Wesentlichstes Argument für den Einsatz der Flow Source Address ist die Tatsache, dass der Correspondent Node (sofern er das Protokoll unterstützt) dann selbst keinerlei Deep Packet Inspection mehr durchführen muss, um das Paket einem Host und dessen Verbindung genau zuordnen zu können. Dies führt zu einer Reduktion der notwendigen Bearbeitungszeit eines jeden einzelnen Paketes.

Bei einer genaueren Betrachtung überwiegen jedoch die negativen Aspekte. Zum einen kann die Nutzung der Deep Packet Inspection auf der Seite des Mobile Nodes durch die Verwendung der Flow Source Address nicht verhindert werden. Der Mobile Node muss immer noch selbst zu deren Erzeugung eine entsprechende Inspektion vornehmen, um an die benötigten Informationen zu gelangen. Lediglich der Correspondent Node muss diesen Schritt dann nicht mehr selbst durchführen. Zum anderen besteht bei der Verwendung der Flow Source Address die Gefahr einer möglichen Ingress-Filterung (siehe Abschnitt 2.6) durch Firewalls oder entsprechend konfigurierte Netzwerkrouter. Diese betrachten die Flow Source Address als fehlerhaft, da sie nicht mehr dem eigentlich erwarteten Adressenbereich zuzuordnen ist. Das zu übertragende Datenpaket wird dabei dann einfach verworfen. Eine Kommunikation ist somit nicht mehr durchführbar.

Ein zur Flow Source Address sehr ähnliches Modell stellt das sog. Flow Label [14] dar. Es ist jedoch bereits Bestandteil des IPv6-Headers und tritt dadurch nicht mit möglichen Ingress-Filtern und Firewalls in Konflikt. Das Flow Label wird von Amante et al. [4] als Möglichkeit zur effektiven Datenflusskontrolle zwischen den Routern des Netzwerks vorgeschlagen. Der durch das Flow Label präsentierte Vorschlag ist dabei unserem initialen Ansatz der Flow Source Address sehr ähnlich. Ausgehend von der Sender- und Empfänger-IP-Adresse, den dabei verwendeten Ports und des für die Übertragung des Datenpakets genutzten Protokolls wird ebenfalls über eine Hashfunktion ein eindeutiger Wert für das Flow-Label generiert. Das Flow-Label ist ein direkter Bestandteil des IPv6-Headers. Das im Zusammenhang mit der Nutzung der Flow Source Address genannte Problem der Ingress-Filterung kann dadurch umgangen werden. Der erzeugte Zahlenwert wird in das Flow Label eines weiteren IP-Pakets eingesetzt. Das zu sendende Datenpaket überträgt man mit Hilfe des zusätzlichen Pakets gekapselt in dessen Payload. Hierin sehe ich aber den größten Nachteil des Konzepts im Hinblick auf die Verwendung für die eigene Protokollumsetzung. Der notwendige Mehraufwand für die Kapselung des IPv6-Datagramms, das die Payload des Pakets in sich trägt, in ein weiteres IPv6-Datagram, erschien uns im Kontext des Proxy-Unloading-Protokolls zu groß. Diese zusätzliche Kapselung wird von Amante et al. durch die Verwendung eines IP-Tunnels als bereits gegeben vorausgesetzt. Nach deren Auffassung wird somit lediglich das Flow Label des äußeren Paketes zur persönlichen Flusskontrolle genutzt und kein zusätzlicher Overhead erzeugt. Einen entsprechenden Tunnel sehen wir daher im von uns betrachteten Szenario als nicht gegeben an. Die exakte Fluss-Kontrolle zwischen einzelnen Routern im Netzwerk ist jedoch nicht unser angestrebtes Ziel. Lediglich der Home Agent und der Correspondent Node sollen die Flusskontrolle durchführen können. Zur Identifikation des zu übertragenden Datenpaketes erscheint eine direkte Nutzung des Flow Labels für das Proxy-Unloading-Protokoll besser geeignet. Die Kompatibilität zum ursprünglichen Konzept bleibt dabei weitestgehend erhalten. Diese Idee zur Nutzung des Flow Labels habe ich im Rahmen meiner Arbeit jedoch nicht weiter verfolgt. Eine spätere Verwendung zur Betrachtung ähnlicher Problemstellungen in zukünftigen Projekten und wissenschaftlichen Arbeiten wird von mir aber als vielversprechend angesehen.

Als Alternative zu den beiden vorgestellten Ansätzen kann schließlich noch die Deep Packet Inspection eingesetzt werden. Dabei wird die Absender-IP-Adresse nicht verändert. Das bei der Flow Source Address vorhandene Problem der möglichen Ingress-Filterung tritt mit diesem Verfahren gar nicht auf. Die zur Identifikation des Pakets notwendigen Informationen (z.B. Absender- und Empfänger-Adresse sowie deren Ports) werden aus jedem Paket direkt ausgelesen. Die Umsetzung des Verfahrens ist also vergleichsweise einfach. Komplexe Berechnungen wie die Hashfunktion der beiden anderen Ansätze werden nicht benötigt.

Aus den genannten Gründen haben wir uns schließlich für die Verwendung der Deep Packet Inspection im Proxyunloading-Protokoll entschieden.

5.2.2 Flow Binding IDs zur Datenflusssteuerung

Zur konkreten Steuerung der Datenflüsse verwenden wir für mein Protokoll das in RFC 6089 [55] vorgestellte Konzept der Flow Binding IDs. Der an der Kommunikation beteiligte Home Agent und die das Proxy-Unloading-Protokoll unterstützenden Correspondent Nodes erhalten dadurch die Möglichkeit das Verhalten der über sie geführten Datenverbindungen zu steuern. Datenpakete bestimmter Applikationen oder Upper-Layer-Protokolle können somit präferiert über eine der zur Verfügung stehenden Verbindungen an den dazugehörigen Mobile Node gesendet werden. Zur konkreten Umsetzung der regelbasierten Steuerung kommen sogenannte Traffic Selektoren zum Einsatz. Die konkrete Ausgestaltung dieser Selektoren ist in der Spezifikation bewusst offen gehalten worden. Eine beispielhafte Ausgestaltung eines solchen Selektors findet sich auf Seite 3 von RFC 6088 [56]. Der verwendete Traffic Selektor kann jedoch frei nach eigenem Ermessen konfiguriert und auch erweitert werden. Er setzt sich dabei unter anderem aus den Ziel- und Absender-IP-Adressen und den dazugehörigen Ports zusammen. Diese Angaben werden für das Proxy-Unloading-Protokoll mit Hilfe der Deep Packet Inspection gewonnen. Sie werden dann entsprechend den bestehenden Verbindungen der Mobile Nodes in den Flow-Binding-Tables von Home Agent und Correspondent Node (sofern er das Protokoll unterstützt) ergänzt. Über diese Tabellen kann dann die weitere Datenflusskontrolle erfolgen. Der Home Agent kann so durch eine Deep Packet Inspection die notwendigen Informationen aus dem aktuell betrachteten Datenpaket extrahieren. Damit ist er in der Lage die passende Regel aus der Tabelle auszuwählen und darüber den für die weitere Übertragung zu nutzenden Datenkanal zu bestimmen.

5.2.3 *Publish-Subscribe-Feature*

Da die Nutzung der Luftschnittstelle vergleichsweise hohe Kosten für die Übertragung von Daten verursacht, soll ihre Nutzung für den Kontrollfluss des Proxy-Unloading-Protokolls minimal gehalten werden. Diesen von uns als Publish-Subscribe-Feature bezeichneten Mechanismus erläutere ich jetzt (siehe auch Abschnitt 7.2).

Zur Gewährleistung der Funktion des Protokolls (vgl. Abbildung 5.1) sollen die mit dem jeweiligen Mobile Node derzeit in Verbindung stehenden Correspondent Nodes nicht direkt von diesem benachrichtigt werden müssen, falls dieser eine neue Care of Address mitzuteilen hat. Der Mobile Node sendet stattdessen nur eine einzelne Kontrollflussnachricht (1.) über die Luftschnittstelle an seinen Home Agent. In Anlehnung an die Binding Update Nachricht des Mobile IPv6 Protokolls bezeichne ich diese Nachricht im Folgenden als Flow-Binding-Update-Nachricht. Der Home Agent wiederum erkennt aus den entsprechenden Eintragungen in seiner persönlichen Flow-Binding-Table an welche Correspondent Nodes die Nachricht weitergeleitet werden muss. Diese Nachrichten (2.) werden jedoch dann im Backend des Netzes und nicht mehr über die Luftschnittstelle gesendet. Somit sind sie für die Kosten der Verbindung nicht mehr von ausschlaggebender Relevanz, da im Backend wesentlich mehr und damit ausreichend Ressourcen zur Verfügung stehen. Der Home Agent erhält dann von allen Correspondent Nodes eine Bestätigungsnachricht (3.). Diese bündelt er in einer Nachricht (4.) und sendet sie an den Mobile Node zurück. Dadurch wird unnötiger Kontrollfluss-Overhead vermieden.

5.2.4 *Entlastung des Proxy-Servers*

Bei der Verbindung von Mobile Nodes und Legacy Servern stellt der Proxy-Server einen sehr entscheidenden Knotenpunkt dar. Der gesamte Netzwerkverkehr der mobilen Knoten muss über ihn fließen. Abgesehen von der potentiellen Gefahr eines Single-Point-Of-Failure bei Ausfall des Proxy-Servers, dem man ggf. noch mit Backup-Servern begegnen kann, entsteht im laufenden Betrieb eine ziemliche Last auf dem Server. Eine entsprechende Anpassung der Dimensionierung des Systems bei stetig steigender Anzahl an mobilen Nutzern wird dadurch in absehbarer Zeit unumgänglich.
Den zweiten Schwerpunkt meines Protokollentwurfs setze ich daher auf die Lösung dieses Problems.
Zur konkreten Erläuterung meines Lösungsansatzes stelle ich nun anhand der

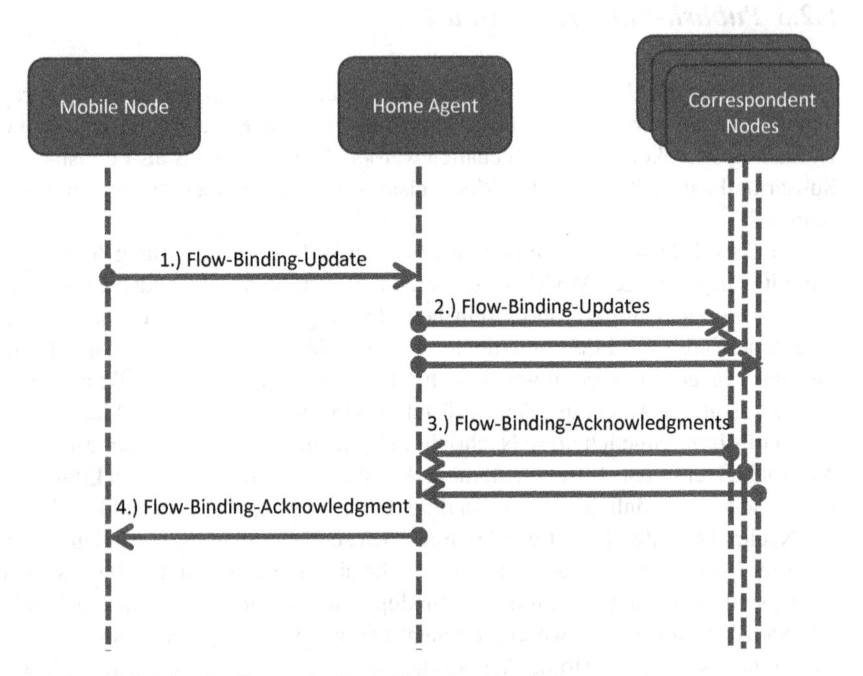

Abb. 5.1 Publish-Subscribe-Feature des Proxy-Unloading-Protokolls

Abbildung 5.2 die einzelnen Protokollschritte im Detail vor.

Beginnend mit Schritt 1.) erhält das kommunizierende Fahrzeug (Limousine), sobald es in die Reichweite eines Zugriffspunktes (Kreis) des Netzes gelangt, eine neue/initiale Locator-IP-Adresse (L_1)zugeteilt.
Möchte der Fahrzeugführer nun eine Verbindung zu einem Server/Dienst im Internet (Ellipse) etablieren (z.B. youtube.com), kann er im 2.) Schritt eine Anfrage an den ihn vermittelnden Proxy-Server (Rechteck) senden, in der er seine derzeitige Locator-IP-Adresse (L_1) mit überträgt.
Der im Vergleich zu Proxy Mobile IPv6 entscheidende Unterschied geschieht im 3.) Schritt. Der Proxy-Server beginnt dabei nicht direkt mit der Weiterleitung der Datenpakete an den beispielhaften Youtube-Server (Ellipse), sondern er fragt zunächst bei diesem an, ob er selbst dazu in der Lage ist das Proxy-Unloading-Protokoll zu unterstützen und eigenständig als ein weiterer Proxy-Server zu agieren. Ist der Server (Ellipse) nicht dazu fähig, muss der Proxy-Server (Rechteck) die Verbindungsarbeit und Weiterleitungen übernehmen.

Sollte er jedoch die notwendige Funktionalität selbst bereitstellen können, teilt er dies dem Haupt-Proxy-Server (Rechteck) mit (4.) und agiert dann als eigenständiger weiterer Proxy-Server. Der Standard-Proxy (Rechteck) wird dadurch wesentlich entlastet und speichert sich die Aussage des Internet-Servers (Ellipse) in einer Tabelle. Dadurch kann er spätere Anfragen von anderen Fahrzeugen (Cabrio) nach dem selben Server/Dienst, die an ihn gerichtet sind, auf direktem Weg und damit schneller beantworten. Der Youtube-Server agiert dann als eigenständiger Proxy-Server und sendet dementsprechend in Schritt 5.) eine Bestätigungsnachricht an das Auto zurück. Das Fahrzeug selbst merkt sich den neuen Proxy-Server ebenfalls für spätere Anfragen (6.). Möchte nun ein anderes Fahrzeug (Cabrio) ebenfalls den beispielhaften Youtube-Server kontaktieren, so kann es vom Proxy-Server direkt die Verbindungsinformationen erhalten (8. und 9.).

Denkbar wäre in diesem Zusammenhang auch, dass die an der Kommunikation beteiligten Road-Side-Units und Netzwerkrouter (Kreis) diese Aufgabe übernehmen und selbst eine Tabelle über die aktuellen Verbindungen anlegen. Die Roadside Units könnten dann z.B. ihre eigene Tabelle in zeitlichen Intervallen an ihre Nachbarn weiter senden, um somit den Proxy-Server (Rechteck) noch stärker zu entlasten. Diese Idee habe ich jedoch in meiner Betrachtung nicht weiter verfolgt. Ich sehe hierin vielmehr eine Möglichkeit für zukünftige Erweiterungen des Protokolls und gehe daher im Ausblick meiner Arbeit unter Abschnitt 9.4 noch einmal darauf ein.

5.3 Eigener Entwurf in der Übersicht

Bevor ich im nächsten Abschnitt den detaillierten Verbindungsaufbau des Proxy-Unloading-Protokolls vorstelle, gebe ich zunächst einen zusammenfassenden Überblick über die Eigenschaften des Protokolls.

Die funktionale Basis des Proxy-Unloading-Protokolls bildet Mobile IPv6. Der dabei eingesetzte Home Agent fungiert wie bei Proxy Mobile IPv6 zusätzlich als Proxy Server zur Anbindung von bereits existierenden Legacy Servern im Internet. Der Proxy Server wird bei größerer Verbreitung und damit einhergehender Umsetzung des Protokolls durch weitere Server entlastet. Diesen können dann direkt mit den Mobiles Nodes kommunizieren. Der Home Agent wird nur noch für den initialen Verbindungsaufbau benötigt. Das Proxy-Unloading-Protokoll legt einen besonderen Wert auf die aktive Steuerung des Datenflusses, um damit das Nutze-

[3] https://www.iconfinder.com/iconsets/car-silhouettes

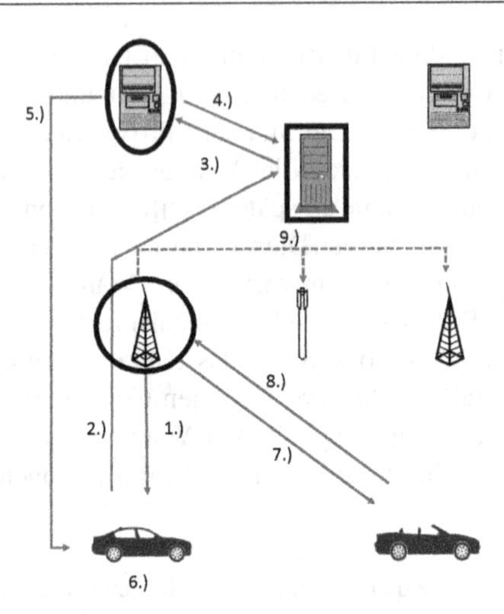

Abb. 5.2 Proxy-Server entlastendes Protokoll-Konzept[3]

rerlebnis zu verbessern. Zu diesem Zweck werden der von Mobile IPv6 bekannte Binding Cache und die Binding List zur Flow-Binding-Table erweitert. Diese ermöglichen eine regelbasierte Steuerung des Datenflusses. Die hierfür notwendige Paketidentifikation und Regeldefinition erfolgt durch die Verwendung von Flow Binding IDs und Deep Packet Inspection. Das Publish-Subscribe-Feature reduziert dabei den zur Steuerung notwendigen Kontrollfluss über die kostenintensive Luftschnittstelle des Mobile Nodes entscheidend.

5.4 Ablauf des Verbindungsaufbaus

Mit Bezug auf Grafik 5.3 zeige ich nun den genaueren schematischen Ablauf eines Verbindungsaufbaues zwischen Mobile Node und einem Correspondent Node. Dieser wird durch den Home Agent als dritte beteiligte Partei initial vermittelt und dann auch ggf. langfristig aufrecht erhalten.

Zu Beginn des Proxy-Unloading-Protokolls sendet eine beliebige Applikation des Mobile Nodes ein erstes Datenpaket (3.), um somit die Verbindung zu einem beliebigen Correspondent Node aufzubauen. Anhand des mit ihm verknüpften Wertepaares aus Absender- und Ziel-Adresse sowie den dazugehörigen Ports erkennt das Netzwerk-Layer (IPv6-Layer) des Mobile Nodes dieses Datenpaket als

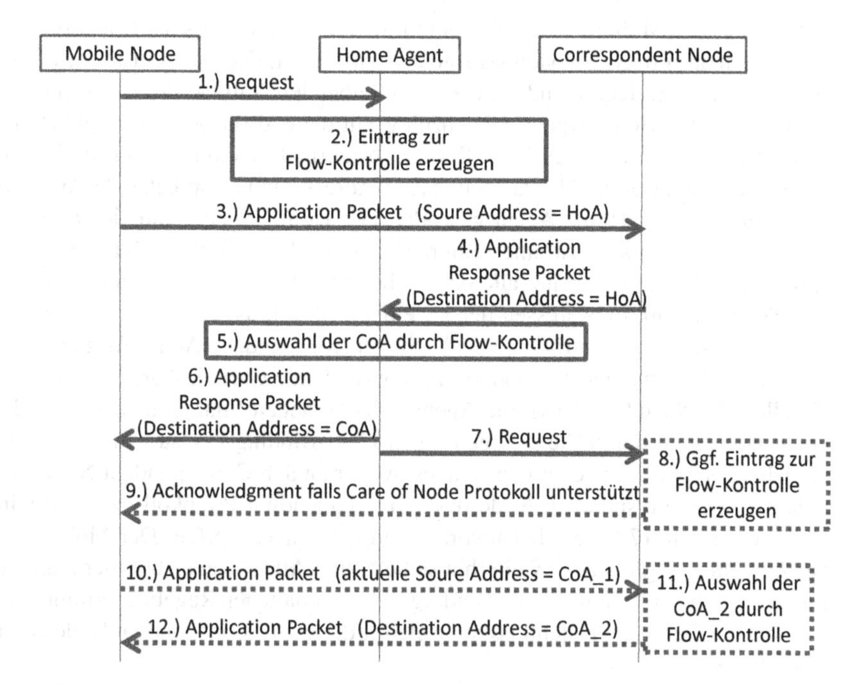

Abb. 5.3 Schematischer Ablauf des Verbindungsaufbaus

eine noch bisher auf die Unterstützung des Proxy-Unloading-Protokolls hin ungeprüfte, neue Verbindung. Am Anfang der Übertragung wird deshalb für jedes Paket auf der Netzwerkebene die momentane Care of Address (CoA) des Mobile Nodes, die als Absender-Adresse innerhalb des Pakets eingetragen wurde, durch dessen Home Address (HoA) ersetzt; wobei diese durch den Home Agent verwaltet wird.

Somit ist sichergestellt, dass der Home Agent zu Beginn der Verbindung die Regelung des Datenflusses übernehmen kann, bis überprüft wurde, ob der Correspondent Node selbst dazu in der Lage ist. Der Correspondent Node erhält als Absender-Adresse die Home Address des Mobile Nodes und leitet das Paket an den Home Agent weiter (4.). Dabei wählt dieser als der Verwalter der Home Adresse selbst aus seiner Flow-Binding-Table die gewünschte momentan zu verwendende Care of Adresse aus (5.), um das Paket dann an den Mobile Node weiterzuleiten (6.). Sollte sich bei der Überprüfung herausstellen, dass der Correspondent Node nicht dazu in der Lage ist das Protokoll eigenständig zu unterstützen, d.h. selbst die Datenflusskontrolle zu übernehmen, sind somit durch die bereits getroffenen Vorkehrungen keinerlei Änderungen an der momentanen Situation mehr notwendig. Der Mobile Node geht somit initial davon aus, dass der Correspondent Node nicht das Proxy-Unloading-Protokoll unterstützt. Die Datenflusskontrolle erfolgt demnach zu Beginn und bei einer ausbleibenden Antwort des Correspondent Nodes über den Home Agent. Gleichzeitig mit dem Absenden des Applikations-Datenpaketes wird eine neue sog. Request-Nachricht (1.) mit den für die Verbindung relevanten Daten (Absender- und Ziel-Adresse und entsprechende Ports) generiert und an den Home Agent gesendet. Der Home Agent kann sich aufgrund dieser Daten bereits selbst einen Eintrag in seiner Flow-Binding-Table erzeugen (2.). Diese Tabelle beinhaltet alle derzeit bestehenden Verbindungen und die dazu gehörigen Care of Adressen der jeweiligen Mobile Nodes. Über sie wird die gesamte Datenfluss-Kontrolle geregelt. Ein entsprechender ïsActiveWert weist die aktuell für die jeweilige Verbindung zu verwendende Care of Adresse aus (siehe Tabelle 5.1). Nachdem der Home Agent sich den neuen Eintrag angelegt hat, den er im Folgenden durch die dazugehörigen Flow-Binding-Updates immer wieder aktualisieren wird, sendet er den Request weiter an den Correspondent Node. Unterstützt der Correspondent Node das Proxy-Unloading-Protokoll nicht, so wird er die Nachricht (7.) nicht beantworten und einfach verwerfen. Der Mobile Node verwendet folglich auch weiterhin seine Home Adresse als Absender Adresse. Entsprechend der in seiner Flow-Binding-Table enthaltenen Regeln übernimmt der Home Agent dann die Datenflusskontrolle für die vom Correspondent Node erhaltenen Pakete.

Unterstützt der Correspondent Node das Protokoll, so bestätigt er dies gegenüber dem Mobile Node mit einer Acknowledgement Nachricht (9.). Er wird dann einen Eintrag in seiner Flow-Binding-Table anlegen (8.), um die zukünftige Datenflusskontrolle selbst übernehmen zu können. Nachdem der Mobile Node die Acknowledgement Nachricht erhalten hat, wird er die Verbindungseinträge innerhalb seiner Flow-Binding-Tabelle, die den Correspondent Node als Ziel haben, mit einer entsprechenden ïsCapable"Flag versehen (siehe Tabelle 5.1). Ist sie gesetzt, so wird die momentan für das Datenpaket eingetragene Absender-Adresse (CoA) nicht mehr durch die Home Adress des Mobile Nodes (HoA) ersetzt. Eine entsprechende Datenflusskontrolle durch den Home Agent ist nicht mehr erforderlich, wenn der Correspondent Node selbst das Protokoll unterstützt und die entsprechende Flusskontrolle eigenständig vornehmen kann. Wenn der Correspondent Node das Protokoll unterstützt, sendet der Mobile Node dann seine Datenpakete mit seiner aktuellen Care of Adresse als Absender (10.). Der Correspondent Node erhält diese Adresse und wählt daraufhin aus der Menge der für diesen Mobile Node zur Verfügung stehende Care of Adressen die gewünschte (als aktiv markierte) Care of Adresse als Ziel-Adresse aus (11. und 12.). Die Selektionsalgorithmik ist nicht Bestandteil meiner Betrachtungen und wird daher nicht näher von mir ausgeführt. Beliebige Mechanismen sind dafür denkbar.

Der gesamte weitere Datenaustausch erfolgt im Anschluss daran zwischen Mobile Node und Correspondent Node direkt.
An der weiteren Kommunikation ist der Home Agent nur noch durch die an die Correspondent Nodes weiter zu leitenden Flow-Binding-Updates beteiligt.

Jeder Mobile Node sendet seine Flow-Binding-Update-Nachrichten an den ihn verwaltenden Home Agent. Für jedes Update wird dem Publish-Subscribe-Feature demzufolge (siehe auch Abschnitt 7.2) nur eine einzige Nachricht über die Luftschnittstelle übertragen. Der Home Agent leitet diese Nachricht basierend auf den ihm bekannten Verbindungen dieses Mobile Nodes (festgehalten in der Flow-Binding-Table des Home Agents) an die passenden Correspondent Nodes weiter.

Durch das Übertragen der Acknowledgement-Nachricht zur Bestätigung der Unterstützung des Protokolls an die Home Adresse des Mobile Nodes registriert sich der Correspondent Node beim Home Agent des Mobile Nodes für zukünftige Flow Binding Updates. Um dem Correspondent Node initial bereits eine sinnvolle Regelbasis zur Datenflusskontrolle zur Verfügung zu stellen, sendet der Home Agent dem Correspondent Node im Anschluss an den Empfang der Bestätigungsnachricht aus seiner persönlichen Flow-Binding-Table ausschließlich jene Einträge, die die von ihm zu versorgende Mobile Nodes betreffen. Das Kriterium der Privacy im Hinblick auf andere Mobile Nodes und deren Verbindungen bleibt dadurch gewahrt. Somit muss der Correspondent Node später nur noch über Änderungen der Position der Mobile Nodes unterrichtet werden, um eine effektive Flusskontrolle aufrecht erhalten zu können.

Tabelle 5.1 Schematischer Eintrag in der Flow-Binding-Tabelle zur Umsetzung eines minimalen Traffic-Selektors. Local_Host_Identifier bezeichnet dabei eine nur innerhalb der Flow-Binding-Tabelle gültige Kennung des Mobile Nodes, der die Verbindung unterhält. Is_Active gibt an, dass die hier hinterlegten Werte die aktuell für den Mobile Node zu verwenden sind. CN_is_Capable zeigt, dass der in die Verbindung involvierte Correspondent Node selbst das Proxy-Unloading-Protokoll unterstützt. Die restlichen Werte sind selbsterklärend.

Source_Address	**Destination_Address**	**Source_Port**	**Destination_Port**	**Local_Host_Identifier**	**is_Active**	**CN_is_Capable**	**Channel_Number**
2001:db8::1428:57ab	2015:az3::1348:22bz	2000	2000	0	true	true	1
2001:db8::1428:57ab	2015:az3::1348:22bz	2000	2000	0	false	true	2
1015:hz3::8173:90fj	9942:ko2::7314:22aq	1000	1000	1	true	true	1

5.5 Diskussion weiterer Ideen

Nun zeige ich noch einige weitere Ansätze und Ideen auf, die im Verlauf der Konzeption des Protokolls von uns in Betracht gezogen wurden.

5.5.1 Inkludiertes Senden der Payload im Request for Connection to Legacy Server

Um zusätzliche Latenz und Overhead bei der Etablierung des Proxy-Unloading-Protokoll-Kontextes zu vermeiden, besteht die Möglichkeit, dass das mit dem Correspondent Node/Legacy Server tatsächlich auszutauschende Datenpaket bereits in der Request-for-Connection-to-Legacy-Server-Nachricht enthalten ist und mit übertragen wird (vgl. Abbildung 5.4). Dies kann durch die Definition einer neuen Mobility Option des Mobile IPv6 Protokolls [29] (Seite 45 ff.) gewährleistet werden, die dann das Datenpaket aufnimmt. Sollte die innerhalb des Kontrollpakets zur Verfügung stehende Payload zu klein für ein zu sendendes Datenpaket sein, so muss dieses als eigenständiges Paket über das Netzwerk übertragen werden. Um die Relevanz dieses eigentlich unerwünschten Sonderfalles abzuschätzen, kann die in Abschnitt 7.3 durchgeführte Payload-Berechnung betrachtet werden.

5.5.2 Kommunikation zweier Mobile Nodes miteinander

Der ursprünglich angedachte Verwendungszweck des Proxy-Unloading-Protokolls ist die übergangslose Anbindung von mobilen Hosts, den Mobile Nodes, an das Internet zur Kommunikation mit den dort befindlichen Legacy Servern, den sogenannten Care of Nodes. Diese müssen dabei das Protokoll selbst nicht zwingend unterstützen.

Das Konzept lässt sich jedoch durch geringfügige Modifikation auch auf die Kommunikation zweier Mobile Nodes untereinander erweitern. Der konkrete Verbindungsaufbau ist dabei in Abbildung 5.5 dargestellt. Wie bei einem Verbindungsaufbau zwischen einem Mobile Node und einem Legacy Server sendet der Mobile Node, der die Verbindung etablieren möchte (Mobile Node 1), zu Beginn eine „Request for Connection"-Anfrage an seinen Kommunikationspartner (Mobile Node 2). Hierzu verwendet der Mobile Node 1 seine Home Address, um seinem persönlichen Home Agent (Home Agent 1) die Option zur späteren Datenfluss-Kontrolle zu geben. Der Home Agent muss diese Aufgabe jedoch

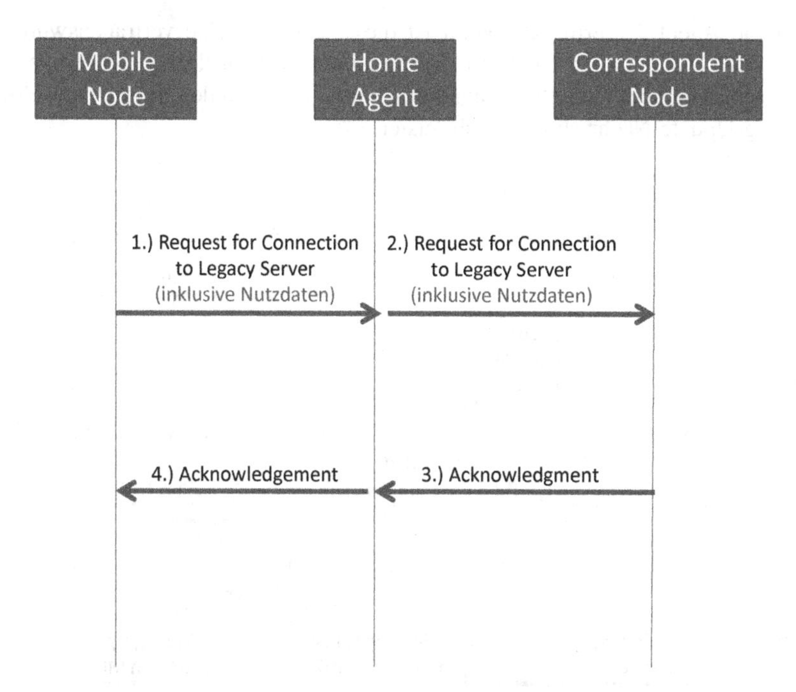

Abb. 5.4 Konzept des Verbindungsaufbaues - Legacy Server / Correspondent Node unterstützt das Protokoll (ist capable). Die Nutzdaten sind hierbei bereits in der Request for Connection to Legacy Server Nachricht enthalten.

nur dann übernehmen, wenn der Kommunikationspartner (Mobile Node 2) das Proxy-Unloading-Protokoll nicht unterstützt (wovon Mobile Node 1 initial ausgehen muss). Im konkreten Fall bestätigt Mobile Node 2 jedoch die Anfrage, da er das Protokoll selbst natürlich auch versteht, mit einer entsprechenden Acknowledgement Nachricht. Wesentlicher Unterschied zum Acknowledgement eines unterstützenden Correspondent Nodes ist dabei, dass der Mobile Node 2 seine Nachricht nicht direkt an den Mobile Node 1 sendet. Er leitet die Nachricht zuvor über seinen persönlichen Home Agent (Home Agent 2). Dieser erkennt den Absender der Nachricht als einen von ihm verwalteten Mobile Node und legt selbst einen Eintrag für die später zu sendenden Flow-Binding-Updates an. Über diesen wird dann Mobile Node 1 auch über die Positionsänderungen von Mobile Node 2 in Kenntnis gesetzt. Durch eine spezielle Flag, die dem Empfänger (Mobile Node 1) anzeigt, dass es sich bei seinem Kommunikationspartner um einen Mobile Node handelt, kann Mobile Node 1 selbst noch einen Eintrag in seiner Flow-Binding-Tabelle vornehmen, in der er die IP-Addresse des Home Agents von Mobile Node

2 (Home Agent 2) vermerkt. Damit ist dieser auch als eine vertrauenswürdige Partei dem Mobile Node 1 bekannt. Somit ist eine reibungslose gegenseitige Benachrichtigung über zukünftige Standortänderungen durch den Einsatz von Flow-Binding-Update-Nachrichten gewährleistet.

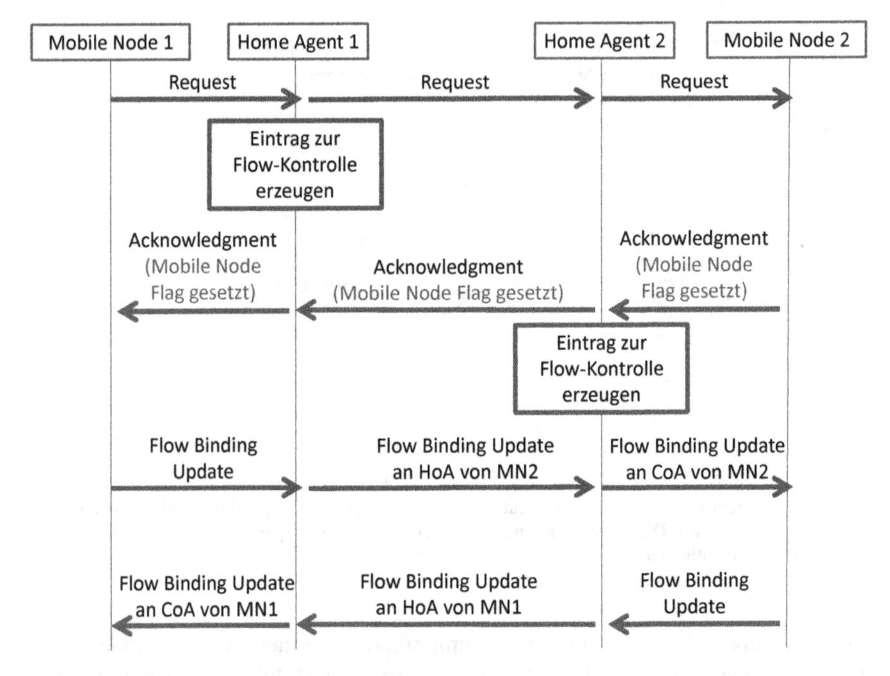

Abb. 5.5 Proxy-Server entlastendes Protokoll-Konzept

Kapitel 6
Implementierung

Ich beschreibe nun die von mir durchgeführte Implementierung des Proxy- Unloading-Protokolls im Omnet++-Netzwerksimulator. Zusätzlich zur theoretischen Betrachtung des Protokolls im folgenden Kapitel ermöglicht sie eine umfassendere Bewertung durch konkrete Simulation. Diese erläutere ich im Anschluss an die theoretische Betrachtung im Detail.

6.1 Ziele der Implementierung

Um die bei der Konzeption angestrebte Performanz des Proxy-Unloading- Protokolls zu verifizieren, habe ich einen zweifachen Ansatz gewählt. Neben der theoretischen Betrachtung im folgenden Kapitel überprüfe ich die Leistungsfähigkeit des Protokolls durch konkrete Simulation. Durch die Simulation soll die Skalierbarkeit des Protokolls nachgewiesen werden. Ebenso messe ich durch sie die Latenz der Datenübertragung und den dabei auftretenden Paketverlust. In Kombination mit der theoretischen Betrachtung lässt sich das Protokoll somit umfassend beurteilen. Bei der für die Simulation notwendigen Implementierung meines Konzeptes, die ich anschließend beschreibe, lege ich großen Werte auf einen modularen Aufbau. Die Umsetzung der Implementierung in einzelnen Modulen reduziert deren Komplexität entscheidend. Die Simulation wird dadurch robust gegenüber Fehlerquellen und unerwünschten Seiteneffekten. Bei der Konzeption der einzelnen Module habe ich mich an die durch das ISO/OSI-Schichtenmodell vorgegebene Struktur gehalten (siehe Abbildung 6.1). Dadurch lassen sich sämtliche von mir entworfenen Module in zukünftigen Projekten wieder verwenden.

6.2 Simulations-Software

Um das Proxy-Unloading-Protokollkonzept in einer Simulation umzusetzen, haben wir uns für den freien Netzwerksimulator Omnet++ [1] entschieden. Dieser wurde hauptsächlich aus drei Gründen ausgewählt:

1.) Zu einem späteren Zeitpunkt ist die Einbindung und Simulation des Protokolls in einem expliziten Automobil-Szenario angedacht. Hierfür soll das Simulations - Framework V2X Simulation Runtime Infrastructure (VSimRTI) [2] zum Einsatz kommen. VSimRTI selbst bietet dabei Schnittstellen zu den Netzwerksimulatoren Scalable Wireless Ad hoc Network Simulator (Swans) [3], Network Simulator 3 (NS3) [4] und schließlich Omnet++ an.

2.) Das Proxy-Unloading-Protokoll basiert auf dem Mobile IPv6 Protokoll. Die Einbindung einer bestehenden Mobile IPv6 Implementierung in die eigenständige Protokollimplementation erschien uns bei Omnet++ am leichtesten umsetzbar. Swans bietet keine anerkannte Implementierung von Mobile IPv6 an (Stand Dezember 2014). NS3 kann Mobile IPv6 durch Direct Code Execution und den Usagi-Patched Mobile IPv6 stack [5] nutzen. Das Aufsetzen der Plattform mit der benötigten Software war jedoch im Vergleich zu Omnet++ sehr komplex. Im Gegensatz dazu ist die Nutzung von Mobile IPv6 in Omnet++ denkbar einfach. Die xMIPv6 [6] genannte Implementierung von Yousaf et al. [59] ist bereits Bestandteil des INET Frameworks [7], der derzeitigen Standard Model Suite von Omnet++. Sie wird direkt nach der Installation des Simulators heruntergeladen und steht dann sofort zur Nutzung bereit.

3.) Insbesondere existiert über die Implementierung von Mobile IPv6 hinaus für Omnet++ als einzigem Netzwerksimulator auch bereits eine Umsetzung [8] des RFC 5648 [57] für die Verwendung von multiplen Care Of Addressen. Das MCoA++ genannte Projekt von Sousa et al. [51],[50] stellt hierfür auch ein eigenes Beispiel-Szenario zur Verfügung. Für die angestrebte Simulation einer effektiven Datenflusskontrolle ist die gleichzeitige Verwendung mehrerer IP-Adressen für jeweils einen Mobile Node zwingend erforderlich. Unsere eigene Implementierung basiert aus diesem Grund auf genau diesem Szenario und seinem beispielhaften Aufbau mehrerer Access Points, die dem Mobile Node gleichzeitig zur Verfügung stehen.

[1] http://omnetpp.org/

[2] https://www.dcaiti.tu-berlin.de/research/simulation/

[3] http://jist.ece.cornell.edu/sw.html

[4] https://www.nsnam.org/

[5] https://www.nsnam.org/docs/dce/manual-umip/html/getting-started.html

[6] http://www.kn.e-technik.tu-dortmund.de/de/forschung/ausstattung/xmipv6.html

[7] http://inet.omnetpp.org/

[8] http://mcoa.dei.uc.pt/

6.3 Grundlage der eigenen Implementierung

Die Dokumentation der beiden von mir genutzten Projekte [51],[59] gibt lediglich einen groben Überblick über deren Funktionsweise. Das für das MCoA++-Projekt existierende Handbuch[9] ist lückenhaft und wenig hilfreich. Die zur Umsetzung des Proxy-Unloading-Protokolls genutzte MCoA++-Implementierung enthält Fehler, wie sich im Verlauf der eigenen Implementierung herausstellte. Trotzdem ich es in Teilen für meine Arbeit verwendet habe, kann ich es deshalb für zukünftige Projekte nicht empfehlen.

6.4 Omnet++ spezifische Anpassungen

Bei der konkreten Umsetzung des erdachten Konzeptes traten einige Probleme und Schwierigkeiten auf. Die daraus resultierenden Änderungen zur Problemlösung führten zu notwendigen Abweichungen bei der Implementierung. Diese beschreibe ich in den folgenden Abschnitten.

6.4.1 Steuerung des Datenflusses

Eine initiale Idee, die im Zuge der konkreten Implementation in ihrer finalen Ausgestaltung angepasst werden musste, war die Steuerung des Datenflusses durch Kontrollflussnachrichten. Um das Nutzererlebnis bei der CarToX-Kommunikation entscheidend zu verbessern, soll das Proxy-Unloading-Protokoll eine dynamische Steuerung des anfallenden Datenflusses ermöglichen. Hierzu muss der Mobile Node den ihn verwaltenden Home Agent und alle mit ihm in Kontakt stehenden Correspondent Nodes über seine aktuelle Situation informieren können. Erkennt der Mobile Node z.B. eine schlechter werdende Verbindungsqualität oder möchte bestimmte Dienste aufgrund des Nutzerverhaltens priorisieren, muss er dies seinen Kommunikationspartnern mitteilen können. Nur so sind diese in der Lage die Datenübertragung zum Mobile Node positiv zu beeinflussen. Zum Zweck dieser Steuerung konzipierte ich für die Implementierung des Proxy-Unloading-Protokolls die sog. Flow-Binding-Update-Nachricht. Dieser neue Nachrichtentyp ist direkt an die Binding-Update-Nachrichten des Mobile IPv6 Protokolls ge-

[9] http://mcoa.dei.uc.pt/MCoA_Manual.pdf

koppelt. Sie sollen den Home Agent und die Correspondent Nodes des Mobile Nodes davon in Kenntnis setzen, wenn neue Access Points in den Empfangsbereich des Mobile Nodes gelangen. Im Zuge des Versands einer solchen Binding-Update-Nachricht wird dann auch eine Flow-Binding-Update-Nachricht gesendet, um den neuen Access Point in den in der Flow-Binding-Tabelle vermerkten Regeln berücksichtigen zu können.

Dieses Konzept ließ sich in Omnet jedoch nicht direkt umsetzen. Eine Rückkehr in den Einflussbereich des initial verwendeten Home Networks wird durch die Binding-Update-Nachrichten innerhalb der Simulation nicht angezeigt. Eine in der Implementation des MIPv6-Protokolls vorhandene „returningHome"-Methode des Mobile Nodes wird ebenfalls zu keinem Zeitpunkt der Simulation aufgerufen. Sie kann daher ebenfalls nicht zur Lösung des Problems verwendet werden. Die angedachte Kopplung der Flow-Binding-Updates mit den Binding-Updates der Mobile IPv6 Implementierung zur Steuerung des Datenflusses ist somit nicht möglich.

Die effektive Steuerung des Datenflusses und die genauere Untersuchung der damit verbundenen Auswirkung muss dennoch durch die Simulation überprüft werden. Aus diesem Grund laden wir bereits vor Simulationsbeginn alle in der Simulation denkbaren IP-Adressen-Kombinationen von Mobile Nodes und Correspondent Nodes in die Flow-Binding-Tables der betreffenden Partner. Somit nehme ich für das Szenario der Simulation eine bereits abgeschlossene vollständige Aushandlung dieser Informationen an. Die konkrete Empfehlung der einzelnen Access Points wird dann im Rahmen der Simulation ebenfalls auf anderem Wege realisiert. Ich greife hierfür auf die Signal-to-Noise-Ratio der einzelnen Access Points zurück. Diese ist durch die von den Access Points periodisch gesendeten Router Advertisement Pakete ermittelbar. Der Access Point, der in einem Zeitintervall die höchste gemessene Signal-to-Noise-Ratio erzielen konnte, wird dann durch das Senden einer Flow-Binding-Update-Nachricht für das nächste Zeitintervall zur Nutzung empfohlen. Eine genauere Erklärung dieses Vorgangs findet sich in Abschnitt 6.5.1.3. Die so erzielte Triggerung der Flow-Binding-Update-Nachrichten dient jedoch lediglich zur Demonstration des dynamischen Wechsels der Access Points durch den Mobile Node innerhalb der Simulation. Er liegt aber nicht im Fokus meiner Betrachtungen.

6.4.2 Bidirektionale Kommunikation

Für die Unterstützung des Proxy-Unloading-Protokolls muss die bidirektionale Kommunikation zwischen Mobile Nodes und Correspondent Nodes hergestellt werden. Im Verlauf der Implementierungsphase stellt sich jedoch heraus, dass die MCoA++-Umsetzung die beiderseitige Kommunikation nicht korrekt unterstützt. Im Beispielszenario setzen die Projektentwickler zur Erzeugung des Datenflusses lediglich eine Ping-Applikation ein. Diese Applikation sendet in periodischen Abständen das Ping-Signal vom Correspondent Node ausgehend zum Mobile Node. Als nun im Zuge der Umsetzung des Proxy-Unloading-Protokolls auch Daten vom Mobile Node zum Correspondent Node gesendet werden sollen, schlägt dies jedoch initial fehl. Der Fehler hierfür lag in der MCoA-UDP-Base-Klasse. Diese Klasse soll als Basis-Klasse für alle Applikationen verwendet werden, die das Multihoming-Prinzip nutzen. Die MCoA-UDP-Base-Klasse führt bei der Übertragung von Datenpaketen eine mit der Route-Optimization von IPv6 vergleichbare Adressenersetzung durch. Diese erfolgt auch korrekt auf dem Weg vom Correspondent Node zum Mobile Node. Die richtigen Care of Addresses des Mobile Nodes werden ausgewählt. Der umgekehrte Weg vom Mobile Node zum Correspondent Node funktioniert jedoch nicht. Die Ziel-Adresse des Correspondent Nodes wird im Verlauf der Adressersetzung durch die Home Address des Mobile Nodes ausgetauscht. Somit entsteht in der Übertragung des Datenpakets eine Endlosschleife. Diesen offensichtlichen Fehler in der Implementierung des MCoA++-Projektes korrigierte ich für die Umsetzung der Implementierung des Proxy-Unloading-Protokolls daher durch die Entfernung der Adressersetzung innerhalb der MCoA-UDP-Base-Klasse. Die korrekte Adressenersetzung erfolgt dann auf Netzwerk-Layer-Ebene (IPv6-Layer).

6.4.3 Modellierung des Home Agents

Ziel war es in der Simulation einen Home Agent zu modellieren, der nicht direkt mit einem WLAN-Access Point verbunden war. Der Home Agent sollte sich in der Simulation als ein im Backend des Netzwerks befindlicher Netzknoten verhalten. Ein konkret von einem Unternehmen zur Versorgung seiner Kunden eingesetzter Proxy-Server weist ebenfalls diese Eigenschaften auf. Dieser Sachverhalt sollte daher auch bereits in der Simulation seine Berücksichtigung finden.

Der Home Agent und der ihm vorgelagerte WLAN-Access Point AP_HA (siehe Abbildung 8.1) bilden im Omnet++-Szenario jedoch eine funktionale Einheit. Eine physische Trennung von Access Point und Home Agent in der Simulation unterbricht die Kommunikation. Grund hierfür ist, dass die Datenübertragung der Mobile Nodes, nachdem sie den durch den Home Agent verwalteten WLAN-Bereich verlassen, nur noch über die IP-Adresse des AP_HA erfolgt. Die direkte Kommunikation über die IP-Adresse des Home Agents schlägt fehl, sobald der jeweilige

Mobile Node einmal bei einem der anderen beiden Access Points eingebucht ist.

Um dennoch in der Simulation das von uns gewünschte Verhalten abzubilden, werden nur die Kommunikationswege der beiden verbleibenden Access Points des Netzwerkes (AP_1 und AP_2) durch die Signalstärke Nachrichten empfohlen. Der Home Agent verhält sich dadurch wie angestrebt, als ein im Backend des Netzes befindlicher Knoten, sobald die Mobile Nodes den initialen WLAN-Access Point (AP_HA) verlassen.

6.4.4 Skalierung von Omnet++

Ein konkreter Sachverhalt, der im Zuge der Simulation nicht optimiert werden konnte, war die schlechte Skalierbarkeit des Szenarios innerhalb des Omnet++-Netzwerksimulators. Bereits ein Szenario aus 20 Mobile Nodes und einem Correspondent Node führt zum Absturz des Simulators und kann somit nicht mehr zu Bewertung des Protokolls verwendet werden. Da das durch das MCoA++-Projekt gegebene Ausgangs-Szenario nur aus zwei Mobile Nodes und einem Correspondent Node bestand, lassen sich hieraus ebenfalls keine Rückschlüsse auf die mit Omnet++ erreichbare Skalierbarkeit ziehen.

6.5 Implementierung des Simulationsszenarios

Für eine aussagekräftige Evaluation der Leistungsfähigkeit des Proxy-Unloading-Protokolls ist der Aufbau eines geeigneten Simulationsszenarios notwendig. Durch die Simulation soll die vom Proxy-Unloading-Protokoll realisierte Datenflusskontrolle bei der Kommunikation der Mobiles Nodes mit ihren Correspondent Nodes untersucht werden. Das Szenario muss dafür aus mehreren Access Points bestehen. Nur so kann die direkte Verlagerung des Datenflusses überprüft werden. Darüber hinaus soll die Skalierbarkeit des Protokolls im Hinblick auf seinen Einsatz im CarToX-Kommunikationsszenario untersucht werden. Die Variation der Anzahl der beteiligten Mobile Nodes und Correspondent Nodes muss dafür möglich sein.

Erfreulicherweise stellt das MCoA++-Projekt [10] bereits ein eigenes Beispiel-Szenario zur Verfügung, um die Gewährleistung von Multihoming durch MCoA++

[10] http://mcoa.dei.uc.pt/download.html

nachzuweisen. Dieses Szenario kann ich für meine Simulationen weiter verwenden und muss es lediglich an die eigenen Anforderungen anpassen.

Das generelle Netzwerksetup aus Routern, Hubs und den drei Access Points des MCoA++-Projektes (vgl. Abbildung 8.1) ändere ich dabei nicht. Lediglich die Anzahl der in die Simulation involvierten Mobile Nodes und Correspondent Nodes wird von mir angepasst. Das Beispielszenario selbst weist lediglich eine Konfiguration aus einem Correspondent Node und zwei Mobile Nodes auf, wobei der zweite Mobile Node kein Bewegungsmuster zugewiesen bekommen hat. Er bewegt sich somit nicht. Meine persönlichen Modifikationen des Setups lassen nun eine dynamische Skalierung der Anzahl der Mobile Nodes und der Correspondent Nodes zu (siehe hierzu auch Abschnitt 8.1).

6.5.1 Eigene Implementierung im Detail

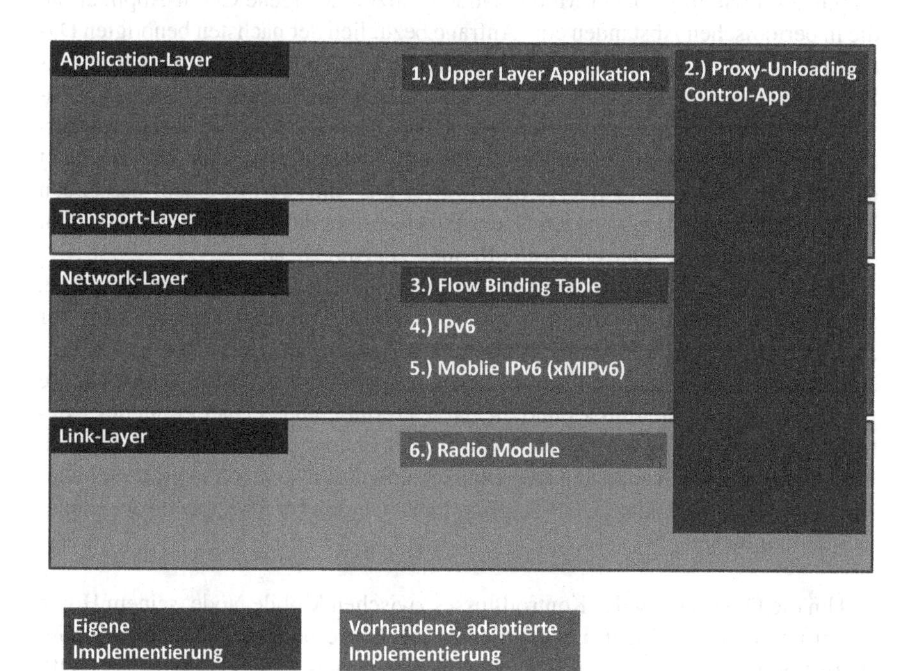

Abb. 6.1 Schematischer Überblick über die von mir implementierten oder modifizierten Klassen. Sie sind entsprechend ihrer Zugehörigkeit im ISO/OSI-Layer angeordnet.

Ich beschreibe nun meine persönliche Implementierung im Detail. Zur besseren Übersichtlichkeit betrachte ich die jeweils implementierte Funktionalität geordnet nach den Layern des ISO/OSI-Schichtenmodells (siehe Abbildung 6.1).

6.5.1.1 Applikation Layer - L5

Auf der Applikations-Ebene des implementierten Proxy-Unloading-Protokolls unterscheiden wir zwischen dem Datenfluss und dem Kontrollfluss.

Um die Performance des Proxy-Unloading-Protokolls in der späteren Simulation zu untersuchen, habe ich eine entsprechende Beispiel-Applikation (1.) für die Datenflusserzeugung implementiert und die dadurch gewonnenen Ergebnisse ausgewertet. Hierfür ist die Bewertung der einzelnen Datenpakete hinsichtlich ihrer erzielten Round Trip Time (RTT) und den bei der Übertragung aufgetretenen Paketverlusten erforderlich.

Um diese Auswertung zu ermöglichen, ist das konkrete Verhalten der Beispiel-Applikation wie folgt: Jeder Mobile Node besitzt eine eigene Client-Applikation, die in periodischen Abständen eine Anfrage bezüglich der nächsten benötigten Datei an seinen korrespondierenden Legacy-Server sendet. Hierfür wird ein Request-Paket übertragen, das mit einer entsprechenden Sequenznummer versehen ist. Diese ist zur späteren Auswertung von Round Trip Time und Paketverlusten erforderlich. Nur so lässt sich die korrekte Zuordnung von Anfrage- und Antwort-Paket durchführen. Der Legacy-Server beantwortet die Anfrage mit einem passenden Paket. Nach Erhalt des korrekten Daten-Pakets erhöht der Mobile Node als Client die Sequenznummer seines nächsten Requests entsprechend.

Derzeit unterstützt die Implementierung lediglich das UDP Transport-Protokoll, auf dem auch die Kommunikation unserer Beispiel-Applikation beruht. Um aber auch in Zukunft weitere Applikation und auch andere Transport-Protokolle (entsprechend der theoretischen Konzeptvorstellungen) zu unterstützen, setzen wir die Überprüfung des Datenflusses und die daraus resultierende Generierung des Kontrollflusses vollständig auf der Netzwerk-Layer-Ebene/ IP-Layer-Ebene (L3) um. Eine entsprechende Anpassung an weitere Protokolle ist somit ohne große Schwierigkeiten möglich. Weitere UDP-Applikationen werden bereits jetzt von der Implementierung bedient.

Um die Übertragung des Kontrollflusses zwischen Mobile Node, seinem Home Agent und dem jeweiligen Legacy Server (als Correspondent Node des Mobile-IPv6-Protokolls) zu erreichen (2.), entscheiden wir uns dafür ebenfalls das UDP-Transport-Protokoll zu verwenden. Zum einen erleichtert es die Implementation der Kontrollmechanismen enorm, da keine eigenen Routing-Mechanismen für die

Nachrichten eingesetzt werden müssen. Lediglich das Eintreffen einer Kontrollnachricht stelle ich durch eine dazu komplementäre Bestätigungsnachricht sicher. Zum anderen ist das UDP-Transport-Protokoll aufgrund seines einfachen Aufbaus mit ausschließlich auf Netzwerkebene übertragenem Kontrollfluss vergleichbar ohne andernfalls selbst den erhöhten Implementationsbedarf aufwenden zu müssen. Im Vergleich dazu wird durch das TCP-Protokoll zwar bereits von sich aus eine exakte Datenübertragung gewährleistet. Der bei TCP notwendige, initiale Verbindungsaufbau macht das Protokoll jedoch für die Übertragung der Kontrollnachrichten im CarToX-Kommunikationsszenario unbrauchbar.

Abschließend ist zu sagen, dass die Wahl des UDP-Protokolls einen sehr guten Kompromiss aus aussagekräftigen Simulationsergebnissen und verringertem Implementierungsaufwand darstellt.

Zur Steuerung des Kontrollflusses habe ich demzufolge eine Kontrollapplikation (2.) realisiert. Sie kommuniziert mit den anderen Kontrollapplikationen des Home Agents und der Correspondent Nodes über das UDP-Protokoll und tauscht so ihre Informationen aus. Des Weiteren findet eine interne Kommunikation zwischen der Kontrollapplikation und der Flow-Binding-Table auf Netzwerk-Layer-Ebene sowie dem Radio Module auf Link-Layer-Ebene statt. Die Kontrollapplikation erhält Informationen über den aktuellen Status des Mobile Nodes. Aus diesen kann sie dann eine entsprechende Empfehlung an den Home Agent und den Correspondent Node weiterleiten. Diese können daraus erkennen, über welche Verbindungskanäle sie ihre weiteren Daten schicken sollen. Die Kontrollapplikationen von Home Agent und Correspondent Node ändern hierzu die entsprechenden Regeln innerhalb ihrer Flow-Binding-Table.

6.5.1.2 Netzwerk Layer - L3

Auf dem Netzwerk-Layer der Protokollimplementierung gibt es insgesamt drei relevante Komponenten, die miteinander interagieren, um die Funktionalität des Protokolls zu gewährleisten. Dies sind (vgl. Abbildung 6.1) :

3.) Meine eigene Implementation der Flow-Binding-Table, die als Datenbank sämtliche Regeln der Datenflusskontrolle des jeweiligen Hosts beinhaltet.
4.) Die konkrete Umsetzung des Netzwerks-Layers/ IPv6-Layers selbst
5.) Die xMIPv6 genannte Mobile IPv6 Implementation

Jeder an der Kommunikation beteiligte Host (Mobile Node, Home Agent und Correspondent Node) besitzt alle diese drei Komponenten. Die Funktionsweise der jeweiligen Komponente ist jedoch in Abhängigkeit vom konkreten Host unterschiedlich.

Die IPv6-Layer-Umsetzung stellt dabei in der Hierarchie der drei Komponenten eine übergeordnete Instanz dar. Das xMIPv6 Modul kommuniziert direkt mit der IPv6-Instanz und erhält von ihr alle relevanten Daten, um seine eigenen Aufgaben wahrnehmen zu können. Die für die Funktion des Proxy-Unloading-Protokolls notwendige Flow-Binding-Table ist stark angelehnt an die Binding-Update-List des Mobile Nodes und den Binding-Cache von Home Agent und Correspondent Node. Sie konzipiere ich als zusätzliches Modul, auf das das IPv6-Layer direkten Zugriff besitzt.

Das IPv6-Layer selbst hat zwei konkrete Aufgaben zu erfüllen. Zum einen muss es die Vermittlung zwischen der Kontrollflussapplikation des jeweiligen Hosts auf Applikations-Layer-Ebene und der Flow-Binding-Table gewährleisten. Durch diese Vermittlung wird sichergestellt, dass die Regeln, die innerhalb der Flow-Binding-Table festgehalten wurden, sich immer auf einem aktuellen Stand befinden. Zum anderen muss das IPv6-Layer die Adressersetzung der Datenpakete nach den Regeln der Flow-Binding-Table dann auch durchführen. Dies ist sicherlich die fundamentalste Aufgabe des ganzen Protokolls. So muss einerseits die Absender-Adresse des Mobile Nodes zu Beginn der Datenübertragung durch seine Home Address ersetzt werden. Nur so kann der Home Agent, wenn der Correspondent Node das Protokoll nicht unterstützt und die Datenflusskontrolle nicht selbst übernehmen kann, dann einen regelbasierten Datenfluss gewährleisten. Diese Regeln sind in der Flow-Binding-Table festgehalten. Für den Home Agent und ggf. auch den Correspondent Node muss das Netzwerk-Layer dementsprechend die Ziel-Adresse des Datenpaketes mit der in der Flow-Binding-Table vermerkten, gewünschten Zieladresse des Mobile Nodes vergleichen und ggf. ersetzen.

Die bestehende Funktionalität der xMIPv6-Klasse erweitere ich für das Proxy-Unloading-Protokoll ebenfalls. Angelehnt an die Binding-Update-Nachrichten des Mobile-IPv6-Protokolls, die der Mobile Node an den Home Agent und seinen Correspondent Node sendet, werden nun auch sogenannte Flow-Binding-Updates an die beiden Entitäten übermittelt. Hierzu werden die Informationen über neu hinzugekommene Access Points von der xMIPv6-Instanz an die UDP-Kontrollapplikation auf Layer 5 des Mobile Nodes gesendet. Von dort werden diese an den Home Agent und den Correspondent Node weiter übetragen.

Die Flow-Binding-Table als dritte Komponente speichert die Regeln, nach denen die Adressenersetzung auf IPv6-Layer-Ebene erfolgt. Jeder Eintrag in der Flow-Binding-Table (vgl. Abbildung 5.1) setzt sich dabei neben den Source und Destination Ports sowie IP-Adressen aus den folgenden Parametern zusammen:

Zusätzlich zu den genannten vier Werten wird jedem Tabelleneintrag auch ein lokaler Identifier („Local_Host_Identifer") zugewiesen. Dieser wird auf Grundlage der Home Adresse des jeweiligen an der Verbindung beteiligten Mobile Nodes erstellt. Bei späteren Updates der Tabelle im Zuge von Flow-Binding-Update-Nachrichten kann dann die entsprechende Verbindung identifiziert und aktualisiert werden. Der boolsche Parameter „is_Active" zeigt an, welche der dem Mobile Node zugewiesenen IP-Adressen zum momentanen Zeitpunkt verwendet werden sollen, um Daten zu übertragen. Ein weiterer Parameter „Channel_Number" definiert die jeweilige Kanalnummer, der die zugehörige IP-Adresse zugeordnet werden kann. Dieser Parameter ist notwendig, um die Mac-Adressen der einzelnen Access Points den von ihnen vergebenen IP-Adressen zuordnen zu können. Nur so lässt sich eine ortsbezogene Regel/Empfehlung erzeugen. Der letzte Parameter „CN_is_Capable" ist ausschließlich für den Mobile Node relevant und wird auch nur von ihm aktiv verwendet. Wird der Wert auf true gesetzt, so erkennt der jeweilige Mobile Node, dass der unter der Ziel-Adresse vermerkte Correspondent Node das Proxy-Unloading-Protokoll unterstützt. Somit kann der Mobile Node mit diesem direkt über seine aktuelle Care of Address kommunizieren. Der Ersatz der jeweiligen Adresse durch seine Home Address ist damit nicht mehr notwendig.

6.5.1.3 Link Layer - L2

Ergänzungen an der bestehenden Link-Layer-Umsetzung des betrachteten Simulationsszenarios sind notwendig, da die zunächst als ausreichend angedachten Flow-Binding-Update-Nachrichten lediglich Informationen über zwei der drei zur Verfügung stehenden Access Points des Szenarios enthalten. Eine entsprechende Rückkehr der Mobile Nodes in ihr Home Network wäre allein auf Grundlage der Flow-Binding-Updates, die auf den Binding-Updates des Mobile-IPv6-Protokolls basieren, nicht zu erkennen. Die Binding-Updates des Mobile-IPv6-Protokolls weisen lediglich auf für den Mobile Node neue Access Points hin. Der initial erkannte Access Point, der den Heimatadressbereich des Mobile Nodes verwaltet, wird davon im Kontext der Simulation nicht abgedeckt. Die Modifikation des Radio Modules (6.) der Mobile Nodes auf Link Layer Ebene sorgt nun dafür, dass Empfehlungen für alle drei Access Points basierend auf der jeweiligen Signal-to-Noise-Ratio (SNR) erfolgen. Die von den Access Points ausgesendeten Router-Advertisement-Packets (RApacket), die Aufschluss über Signal-to-Noise-Ratio geben, werden aus diesem Grund über eine gewisse Zeitperiode gesammelt. Aus den dabei gemessenen Signal-to-Noise-Ratio-Werten wird dann der Access Point mit der größten Signalstärke ausgewählt. Die Kanalnummer des Access Points wird basierend auf der aus seiner Router-Advertisement-Nachricht gewonnenen MAC-Adresse ermittelt. Der Home Agent und alle davon betroffenen Correspondent Nodes werden dann entsprechend durch eine Flow-Binding-Update-Nachricht vom neuen für den Mobile Node aktuell zur Nutzung empfohlenen Access Point informiert. Diese Triggerung der Flow-Binding-Update-Nachricht ist jedoch nur für die korrekte Durchführung der Simulation in Omnet++ notwendig geworden. Sie soll eine regelbasierte Auswahl (in diesem Fall durch die Signalstärke geregelt) der Access Points nachstellen. Sie ist aber nicht Teil des von mir erdachten Konzeptes des Proxy-Unloading-Protokolls.

Kapitel 7
Evaluation: Theoretische Betrachtung

Um die im Konzept ausgearbeiteten Stärken des Proxy-Unloading-Protokolls verifizieren zu können, habe ich einen zweischrittigen Ansatz verfolgt. Zunächst führte ich eine theoretische Betrachtung des Protokolls durch. Deren Ergebnisse stelle ich nun vor. Im folgenden Kapitel schließt sich die konkrete Simulation der von mir durchgeführten Implementierung in Omnet++ an.

7.1 Last-Betrachtung auf dem Proxy Server

Ein zentrales Ziel des Proxy-Unloading-Protokolls ist die Reduktion der Last des vermittelnden Proxy-Servers. Als Messgröße für die Belastung des Proxy-Servers wählen wir dabei die Anzahl der Nachrichten, die er im Laufe der Verbindungsetablierung und des Datenaustausches zwischen einem Mobile Node und dem jeweils mit ihm in Verbindung tretenden Legacy Server / Correspondent Node selbst empfangen, ggf. bearbeiten und entsprechend weiterleiten muss. Abbildung 7.1 und 7.2 zeigen hierbei die beiden zu unterscheidenden Szenarien.

Der Mobile Node muss initial davon ausgehen, dass sein Correspondent Node das neue Proxy-Unloading-Protokoll noch nicht beherrscht (vgl. Abbildung 7.1). Der Home Agent als der vermittelnde Proxy Server soll deshalb zu Beginn den entsprechenden Request (1.) des Mobile Nodes an den gewünschten Correspondent Node weiterleiten (2.). Ebenso wird das erste zu übertragende Datenpaket des Mobile Nodes (3.) unter der Verwendung seiner Home Address über den Home Agent an den Correspondent Node übermittelt (4.). Der Home Agent könnte, da er nun selbst Kenntnis von der neuen Verbindung hat, falls erforderlich selbst die Datenflusskontrolle für die Verbindung übernehmen. Das erste Datenpaket wird somit immer durch den Home Agent vermittelt übertragen und entsprechend vom Legacy Server / Correspondent Node „klassisch" beantwortet (5. und 6.).

Unterstützt der Correspondent Node jedoch das Protokoll (Fall dargestellt in Abbildung 7.1), so muss der Home Agent nur noch die Bestätigung (das Acknowledgement) des Correspondent Nodes empfangen (5.), die dieser an die Home Address des Mobile Nodes gesendet hat, und sie entsprechend an ihn weiterleiten (6.). Insgesamt muss der Home Agent somit für das Szenario des Verbindungsaufbaus zu einem unterstützenden Correspondent Node sechs Nachrichten bewältigen können (vgl. Formel (1) in Abbildung 7.3). Der eigentliche Datenverkehr fließt dann direkt zwischen dem Mobile Node und dem Correspondent Node und stellt somit keinerlei Belastung mehr für den Home Agent dar.

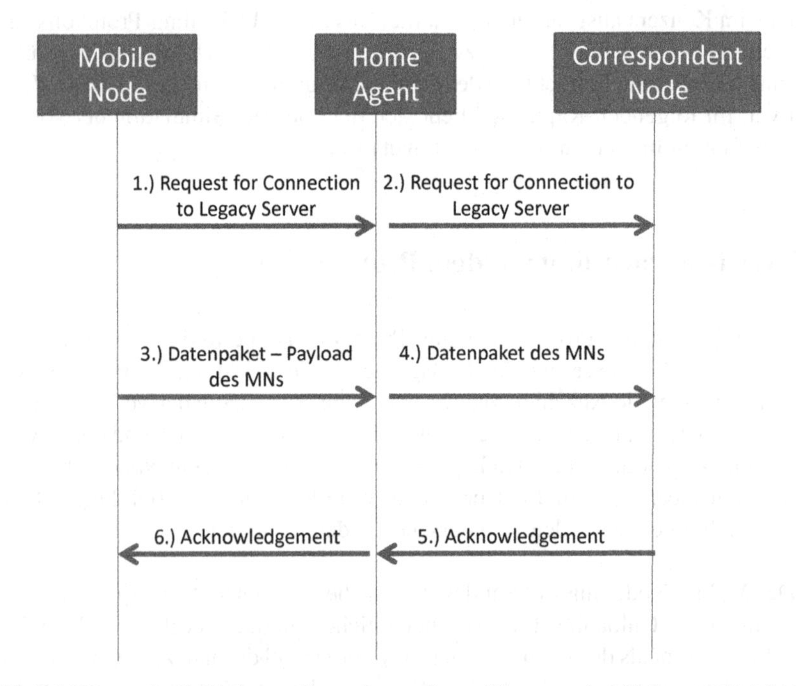

Abb. 7.1 Konzept des Verbindungsaufbaus - Legacy Server / Correspondent Node unterstützt das Protokoll (ist capable).

Abbildung 7.2 dagegen gibt den Fall wieder, in dem der Correspondent Node das Proxy-Unloading-Protokoll nicht unterstützt. Das bedeutet, dass der Home

Agent nach der Übertragung der initialen vier Pakete keine Bestätigungsnachricht vom Correspondent Node erhält. Er muss dann sämtliche Datenpakete vom Correspondent Node / Legacy Server an den Mobile Node weiterleiten (5. und 6.). Ebenso sind auf dem umgekehrten Weg die Empfangsbestätigungsnachrichten und weitere Anfragen des Mobile Node (7. und 8.) zu übertragen. Die betrachtete Belastung des Home Agents / Proxy Servers steigt also mit der zu übermittelnden Dateigröße an (vgl. Formel (2) in Abbildung 7.3).
Ein bidirektionaler Tunnel zwischen Mobile Node und Correspondent Node über den Home Agent als Vermittlungsstelle ist aus folgenden Gründen erforderlich: Der Weg der Datenpakete des Correspondent Nodes zum Mobile Node muss natürlich als grundlegendes Prinzip von Mobile IPv6 über den Home Agent geführt werden, da nur diesem die momentane Care of Address des Mobile Nodes bekannt ist, sofern der Correspondent Node nicht das Proxy-Unloading-Protokoll unterstützt. Der Correspondent Node kommuniziert dann ausschließlich mit dem Mobile Node über die vom Home Agent verwaltete Home Address.
Der umgekehrte Weg der Bestätigungspakete vom Mobile Node zum Correspondent Node erscheint auf den ersten Blick nicht so offensichtlich. Er ist darin begründet, dass der Mobile Node zum Senden dieser Bestätungsnachrichten ebenfalls die Home Address als seine persönliche Absenderadresse angeben muss. Würde er dies jedoch selbstständig in seinem derzeitigen Subnetz durchführen (in dem er sich unter seiner momentan aktuellen Care of Address aufhält), würde dies als eine Verletzung der im Subnetz gültigen Absender-Adressen gewertet (IP-Spoofing [39]). Der Router, der den Mobile Node mit dem weiteren Netz verbindet, würde diese Pakete aufgrund des Mechanismus der Ingress-Filterung [10], die das Auftreten eines solchen Paketes als Fehler oder Angriff auf das Netz wertet, einfach verwerfen. Damit dies nicht geschieht, muss der Mobile Node sein entsprechendes Datenpaket zuerst an den Home Agent senden, sodass dann im dortigen Subnetz die nun gültige Ersetzung der Absenderadresse durch die Home Address des Mobile Nodes durchgeführt werden kann.

Abschließend ist festzuhalten, dass die Gesamtbelastung des Proxy-Servers sich aus der Summe der von ihm zu verwaltenden Verbindungen ergibt, die unter den beiden zuvor betrachteten Fälle einzuordnen ist (vgl. Formel (3) in Abbildung 7.3). Die Belastung des Home Agents ist also abhängig von der Unterstützung des Proxy-Unloading-Protokolls durch die Correspondent Nodes.

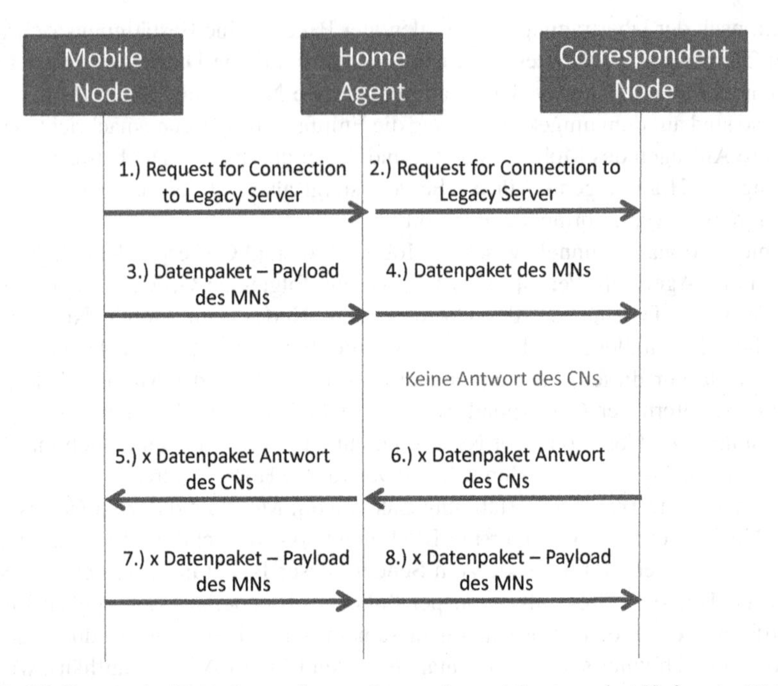

Abb. 7.2 Konzept des Verbindungsaufbaues - Legacy Server / Correspondent Node unterstützt das Protokoll nicht (ist nicht capable).

$$Last_{unterstuetzend} = Anzahl\_Fahrzeuge_{zu\_verbinden} \cdot Anzahl\_Verbindungen_{zu\_etablieren} \cdot 6 \quad (1)$$

$$Last_{nicht\_unterstuetzend} = Anzahl\_Fahrzeuge_{zu\_verbinden} \cdot Anzahl\_Verbindungen_{zu\_etablieren} \cdot 8 \cdot \lfloor Dateigroesse/MTU \rfloor \quad (2)$$

$$Last_{auf\_Proxy} = Last_{unterstuetzend} + Last_{nicht\_unterstuetzend} \quad (3)$$

Abb. 7.3 Formeln für Lastbetrachtung auf dem Proxy-Server. Jede vom Proxy-Server zu betrachtende Nachricht wird dabei als Belastung des Servers selbst angesehen.

7.1.1 Beschreibung der variierten Parameter

Abbildung 7.4 zeigt die zu erwartende Belastung für den Home Agent als Menge der durch ihn zu betrachtenden Nachrichten. Auf der x-Achse ist hierfür die Anzahl der Fahrzeuge aufgetragen, die eine Verbindung zu einem Legacy Server aufbauen und unterhalten möchten. Des Weiteren wird für die verschiedenen Graphen der Abbildung die Anzahl der Server variiert, die das Protokoll selbstständig unterstützen. Für die insgesamt zehn in der Betrachtung zur Verfügung stehenden Server werden drei verschiedene Konfigurationen angenommen und einander gegenüber gestellt:

1.) Alle Server unterstützen das Protokoll.
2.) Die Hälfte der Server unterstützt das Protokoll.
3.) Keiner der Server unterstützt das Protokoll.

In allen drei Fällen variierte ich dann noch die zu übertragende Datenmenge (0.1, 3 und 7 MB). Die Fälle, bei denen alle Server das Protokoll unterstützen, unterscheiden sich dabei jedoch von ihrem Ergebnis nicht und werden daher zusammengefasst. Als maximale Paketgröße (MTU) nehme ich, wie für Ethernet allgemein üblich, 1500 Byte an [1]. Diese Annahme ist durch die Anbindung des Correspondent Nodes im Backend begründet und stimmt auch mit dem für die Simulation in Omnet verwendeten Wert überein. Bei der Betrachtung der verschiedenen Graphen ist deutlich zu erkennen, dass die Belastung des Proxy Servers nicht nur mit der Anzahl an sich verbindenden Fahrzeugen, sondern auch mit der Größe der zu übertragenden Pakete linear ansteigt. Besonders interessant ist hierbei der Vergleich der Graphen in der Konfiguration des Mischbetriebes (5 capable/ 5 nicht capable Server) und der Payloadgröße von 7 Megabyte auf der einen Seite und des Graphen mit der Konfiguration ohne jegliche Unterstützung des Proxy-Unloading-Protokolls und einer Payloadgröße von nur 3 Megabyte auf der anderen Seite. Trotz der größeren Payload im ersten Fall fällt aufgrund der teilweisen Unterstützung des Protokolls durch die Legacy Server die allgemeine Belastung für den Home Agent / den Proxy Server immer noch geringer aus als im zweiten Fall. Für eine geringere Payload von 0,1 MB sind die Unterschiede nur noch marginal zueinander in den unterschiedlichen Konfigurationen.
Es bleibt somit festzuhalten, dass sich die Entlastung des Proxy-Servers auch bei nicht vollständiger Unterstützung des Proxy-Unloading-Protokolls durch die Legacy Server bereits lohnt. Besonders deutlich wird dieser Effekt bei der Übertragung größerer Datenmengen. In Tabelle 11.1 sind die konkreten Zahlenwerte der Betrachtung noch einmal aufgeführt.

7.2 Kontrollflussreduktion durch Publish-Subscribe-Features

Das Publish-Subscribe-Feature (vgl. Abschnitt 5.2.3) ist ein zentrales Element im Hinblick auf die Reduzierung der über die Luftschnittstelle zu sendenden Nach-

[1] http://de.wikipedia.org/wiki/Maximum_Transmission_Unit

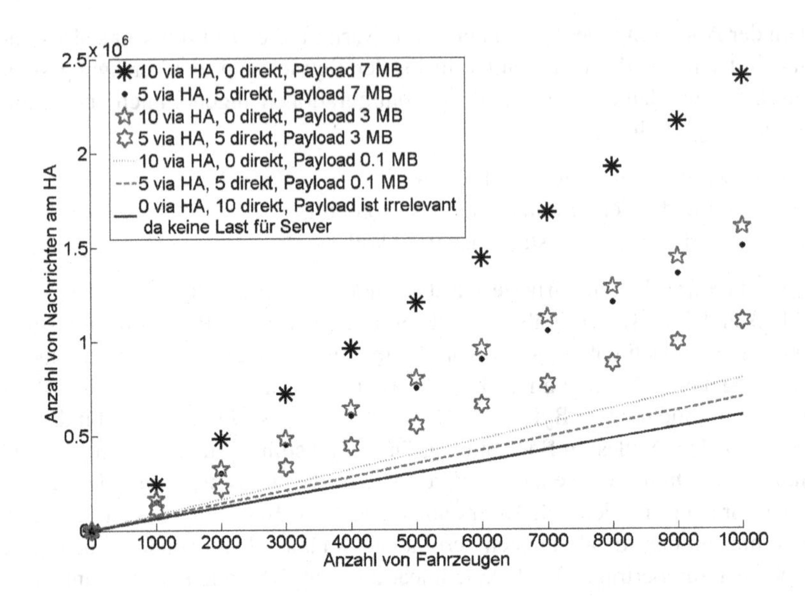

Abb. 7.4 Last-Betrachtung auf dem Proxy Server - Variation der zur Verfügung stehenden Server in das Protokoll unterstützende und nicht unterstützende Entitäten bei gleichzeitiger Variation der Anzahl der anfragenden Fahrzeuge

richten. Es ermöglicht die Reduktion der Anzahl der über die Luftschnittstelle zu übertragenden Flow-Binding-Updates von N Nachrichten (entsprechend der N derzeit bestehenden Verbindungen zu verschiedenen Correspondent Nodes) (vgl. Formel (6) in Abbildung 7.5) auf ein einzelnes Flow-Binding-Update (vgl. Formel (5) in Abbildung 7.5), das an den Home Agent gesendet wird. Dieser übernimmt daraufhin die Aufgabe der Weiterleitung an die Correspondent Nodes, die von dieser Aktualisierungsnachricht in Kenntnis gesetzt werden müssen.

7.2.1 Beschreibung der variierten Parameter

Die für dieses Szenario relevanten Parameter sind zum einen die Anzahl an Binding Updates pro Minute, die der Mobile Node aufgrund seiner Bewegung erzeugt (vgl. Formel (4) in Abbildung 7.5) und die dementsprechend auch als Flow-Binding-Update übermittelt werden müssen. Diese Zahl wiederum wird beeinflusst von der Geschwindigkeit, mit der das Fahrzeug sich derzeit bewegt, und

$$Anzahl\_Binding\_Updates =$$
$$(Ges\_Fahrzeug_{in\_km/h} \cdot 1000/3600) \cdot 60/Reichweite_{der\_Road\_Side\_Units\_in\_Meter} \quad (4)$$

$$Nachrichten\_pro\_Minute_{publish\_subscribe} = Anzahl\_Binding\_Updates \cdot 2 \quad (5)$$

$$Nachrichten\_pro\_Minute_{ohne\_publish\_subscribe} =$$
$$Anzahl\_Verbindungen\_pro\_Fahrzeug \cdot Anzahl\_Binding\_Updates \cdot 2 \quad (6)$$

$$TCP\_Handshake\_fuer\_neue\_Verbindung = 3$$
$$TCP\_MP\_PRIO\_Handover = 2$$
$$Nachrichten\_pro\_Minute_{MTPC} = Anzahl\_Verbindungen\_pro\_Fahrzeug \cdot Anzahl\_Binding\_Updates \cdot$$
$$(TCP\_Handshake\_fuer\_neue\_Verbindung + TCP\_MP\_PRIO\_Handover) \quad (7)$$

Abb. 7.5 Formeln für Betrachtung des Publish-Subscribe-Features

der Reichweite der es versorgenden Road Side Units. Zum anderen ist die Anzahl der gleichzeitigen Verbindungen, die der Mobile Node zu verschiedenen Correspondent Nodes/Legacy Servern unterhält, von Relevanz (Mehrere Verbindungen zu einem einzelnen Correspondent Node fallen nur durch eine einzelne Flow-Binding-Update-Nachricht ins Gewicht). Für jede dieser Verbindungen müsste er dementsprechend ohne die Nutzung des Publish-Subscribe-Features jeweils eine eigenständige Flow-Binding-Update Nachricht senden.

Abbildung 7.6 stellt auf der y-Achse die Menge der zu übermittelnden Kontrollnachrichten pro Minute dar, die in Abhängigkeit von der Geschwindigkeit, mit der das Fahrzeug sich bewegt, gesendet werden müssen. Die Geschwindigkeit wurde dabei im Bereich von 50 km/h bis 200 km/h variiert. Die Reichweite der das Fahrzeug versorgenden Road Side Units wurde auf 1000 Meter festgelegt. Bei einer Geschwindigkeit von 50 km/h ergeben sich somit ca. 0,6 notwendige Flow-Binding-Updates pro Minute (vgl. Formel (4) in Abbildung 7.5). Bei 200 km/h erhöht sich diese Zahl auf 2,2 Flow-Binding-Updates pro Minute. Es wird so deutlich, dass die Anzahl der eingesparten Flow-Binding-Update-Nachrichten nicht nur linear zur Anzahl der durch den Mobile Node unterhaltenen Verbindungen ist. Abbildung 7.6 zeigt Plots für eins, fünf und zehn verschiedene Verbindungen, wobei das Publish-Subscribe-Feature mit einer einzelnen Serververbindung gleich zu setzen ist. Die Einsparungseffekte werden insbesondere mit einer Erhöhung der Geschwindigkeit noch deutlicher, was an den vergrößerten Distanzen und dem steileren Anstieg der Geraden ohne Publish-Subscribe-Feature erkennbar ist. Jedes Flow-Binding-Update muss durch eine Acknowledgement-Nachricht bestätigt werden. Daher ergeben sich bei einer Geschwindigkeit von 100 km/h und einer

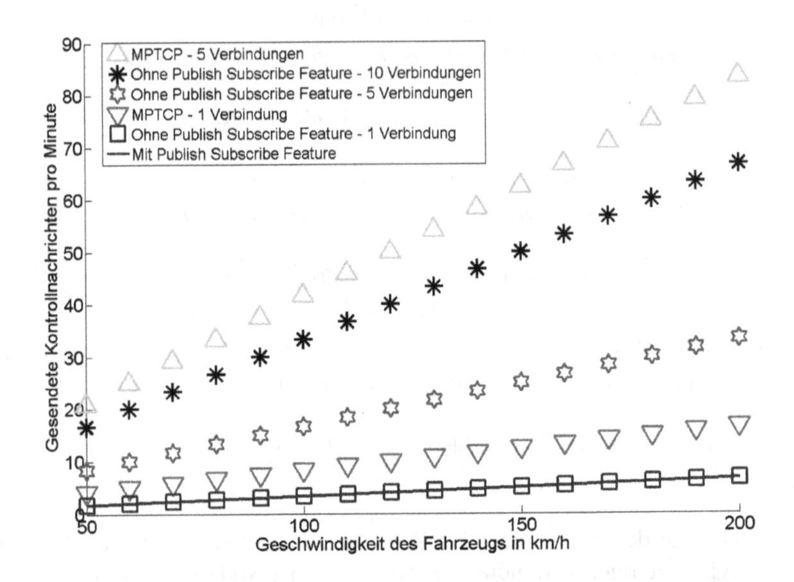

Abb. 7.6 Publish-Subscribe-Feature - Variation der Geschwindigkeit des Fahrzeugs

einzelnen Verbindung zu einem Server ca. 1,1*2 = 2,2 Kontroll-Nachrichten für die Übertragung und die Bestätigung des Flow-Binding-Updates. Alle weiteren betrachteten Werte sind in Tabelle 11.2 aufgeführt.

Als zu vergleichende Referenz wurde hierbei das Multipath TCP Protokoll (MPTCP) gewählt (vgl. Formel (7) in Abbildung 7.5). Für den Wechsel einer Verbindung im Zuge eines Handover-Vorganges zwischen zwei verschiedenen Access Points bei Multipath TCP müssen insgesamt fünf zu sendende Nachrichten übertragen werden. Diese setzen sich aus drei Nachrichten zusammen, die für den gewöhnlichen Aufbau einer TCP Verbindung (entspricht dann bei Multipath TCP einem zur Verfügung stehenden Stream) benötigt werden und zwei weiteren Nachrichten, um den Wechsel von einem alten im Moment zur Datenübertragung verwendeten Pfad auf den neu hinzu gewonnenen Datenpfad zu wechseln. Dies erfolgt bei Multipath TCP durch das Senden und die Bestätigung des MP_PRIO Paketes (siehe [24] - Seite 34 ff.). Beim Proxy-Unloading-Protokoll sind es im Vergleich dazu nur zwei Nachrichten um den Handovervorgang anzuzeigen (Flow-Binding-Update-Nachricht und deren Bestätigung).

Für die beiden betrachteten Referenzfälle von einer und fünf verschiedenen Verbindungen zu unterschiedlichen Correspondent Nodes ist deutlich ersichtlich, dass die zu erwartende Menge an Kontrollnachrichten im Vergleich zum Proxy-Unloading-Konzept deutlich erhöht ist. Die Ursache hierfür liegt darin, dass bei jedem Handovervorgang das Multipath TCP Protokoll eine entsprechende neue TCP-Verbindung etablieren muss, um die Übertragung weiterhin gewährleisten zu können.

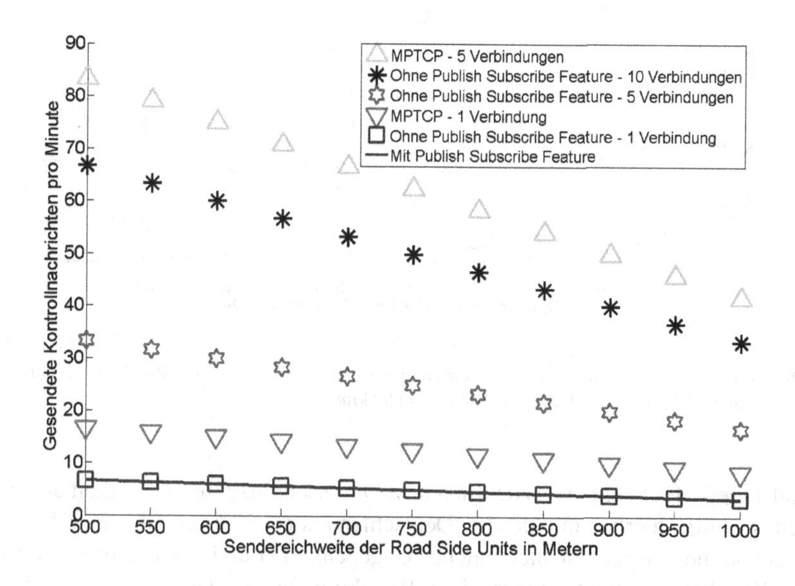

Abb. 7.7 Publish-Subscribe-Feature - Variation der Sendereichweite der Road Side Units - Überlandfahrt bei einer Geschwindigkeit von 100 km/h

Abbildung 7.7 und Tabelle 11.3 variieren an Stelle der Geschwindigkeit nun die Sendereichweite der die Verbindung gewährleistenden Road Side Units. Die angenommene Durchschnittsgeschwindigkeit von 100 km/h stellt dabei das Szenario einer Überlandfahrt nach. Dementsprechend wurde auch die Reichweite der Sendeantennen von 500 bis 1000 Meter gewählt. Die Anzahl der notwendigen Flow-Binding-Updates ist antiproportional zur Sendereichweite, da bei geringerer Reichweite der Road Side Units entsprechend mehr Flow-Binding-Updates notwendig werden (vgl. Formel (4) in Abbildung 7.5).

Der bereits in Abbildung 7.7 zu erkennende Einfluss der Sendereichweite auf die notwendige Anzahl an zu sendenden Kontrollnachrichten verstärkt sich bei der Betrachtung eines innerstädtischen Fahrszenarios noch weiter. Abbildung 7.8

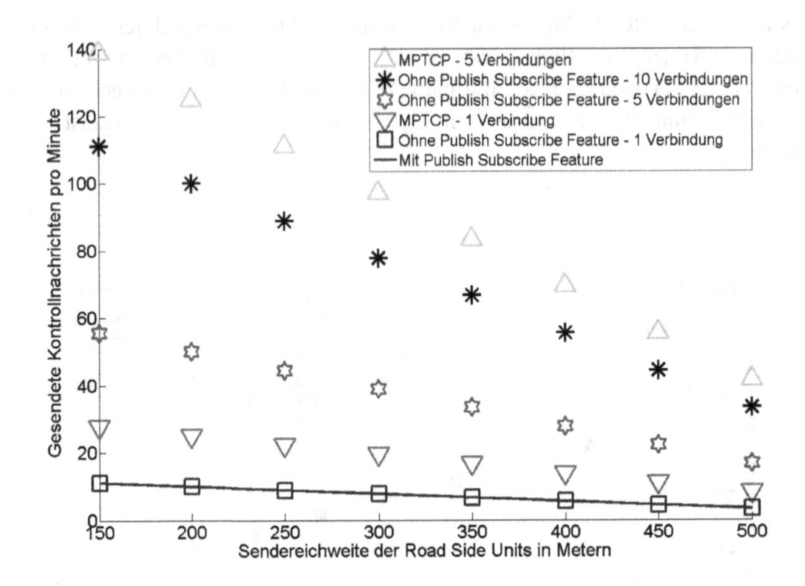

Abb. 7.8 Publish-Subscribe-Feature - Variation der Sendereichweite der Road Side Units - innerstädtische Fahrt bei einer Geschwindigkeit von 50 km/h

und Tabelle 11.4 zeigen das deutlich. Die Durchschnittsgeschwindigkeit des Fahrzeugs wurde hierbei mit den in Deutschland innerstädtisch üblichen 50 km/h angenommen. Wegen städtebaulicher Gegebenheiten und der innerorts aufgrund der Bevölkerungsdichte gewünschten Reduktion der Sendeleistung der einzelnen Funkzellen ergeben sich hier besonders geringe Sendereichweiten der einzelnen Road Side Units. Diese Reduktion lässt die Menge der notwendigen Kontrollnachrichten wiederum deutlich anwachsen. Die im Vergleich zum Überlandszenario um die Hälfte reduzierte Geschwindigkeit (von 100 km/h auf jetzt nur noch 50 km/h) trägt hierbei kaum zu einer Reduktion des Effektes bei.

Abschließend kann man sagen, dass die Sendereichweite der Road Side Units somit im Verhältnis zu den möglichen Geschwindigkeiten des Fahrzeuges von größerer Bedeutung ist.

7.3 Betrachtung der Payload

Zur Datenflusskontrolle soll im Proxy-Unloading-Protokoll das in [55] vorgeschlagene Konzept der Flow Binding IDs zum Einsatz kommen. Diese erweitern das Konzept der Binding IDs des Mobile IPv6 Protokolls um zusätzliche sogenannte Traffic Selektoren [56],[55], mit deren Hilfe der konkrete Datenfluss zwischen dem Mobile Node und den einzelnen Correspondent Nodes, mit denen dieser verknüpft ist, dann gesteuert wird. Für eine konkrete Übersicht über den Aufbau der Binding IDs und des aus RFC 6088 zur Betrachtung übernommenen beispielhaften Traffic Selektors sei hier auf die Abbildungen 11.4 und fig:trafficselector im Anhang verwiesen. Um die Nutzbarkeit dieses Ansatzes zu überprüfen, wurde eine Payloadbetrachtung durchgeführt (siehe hierzu auch Formel (8) in Abbildung 7.9 und Abbildung 11.7 bis 11.9 im Anhang). Diese gibt Aufschluss darüber, wie viele Informationen zur Steuerung unterschiedlicher Datenflüsse zwischen den einzelnen Hosts innerhalb eines einzelnen Datenpaketes mitgeführt werden können. Hierbei nehme ich wiederum eine übliche Maximum Transfer Unit (MTU) Größe von 1500 Byte pro Datenpaket an, was dem heute üblichen Ethernet-Standard entspricht. Ethernet wähle ich hierbei als Referenz-Paketgröße, da zwar Datenpakete spezifiziert nach Standard 802.11 mit 2312 Byte [2] deutlich größer sind, aber eine kabelgebundene Anbindung der Legacy Server / Correspondent Nodes im Backend über das Ethernet-Protokoll angenommen werden muss. Die Ethernet-MTU stellt somit den Worst Case der Paketgröße dar. Zu Beginn des Verbindungsaufbaus sendet der Mobile Node eine entsprechende Request For Connection Nachricht an den Home Agent. Dieser leitet sie dann entsprechend an die betreffenden Correspondent Nodes weiter. Um dem Correspondent Node gleich zu Beginn der Übertragung eine möglichst optimale Flusskontrolle zu ermöglichen, soll der Home Agent für die angesprochenen Correspondent Nodes die sie betreffenden Einträge aus seiner persönlichen Flow-Binding-Table entnehmen und an den Request for Connection anfügen. Hierbei darf der Home Agent aus Privacy-Gründen nur die Mobile Node Einträge für den Correspondent Node auswählen mit denen dieser auch wirklich Kontakt hat.

Für diesen Vorgang und für später erfolgende Flow Binding Updates, ist daher eine Payloadbetrachtung zwingend erforderlich. Dies ist insbesondere dann der Fall, wenn Flow Binding Updates gruppiert an die gemeinsamen Correspondent Nodes gesendet werden. Das bedeutet, dass die Flow Binding Update Informationen mehrerer Mobile Nodes gesammelt und in einem Paket zusammen gefasst übertragen werden.

---

[2] http://de.wikipedia.org/wiki/Maximum_Transmission_Unit

$$Verbleibende\_Payload\_eines\_Pakets = Maximum\_Transmission\_Unit - Binding\_Update\_Paket\_with\_Flow\_Mobility\_Option \quad (8)$$

Abb. 7.9 Formeln für Betrachtung der verbleibenden Payload eines Pakets. Die exakte Größe der Binding_Update_Paket_with_Flow_Mobility_Option ist dabei abhängig von der Anzahl der übertragenen Binding IDs und angegebenen Traffic Selektoren. Die exakte Berechnung findet sich in Abbildung 11.7 bis 11.9 im Anhang.

7.3.1 Beschreibung der variierten Parameter

Abbildung 7.10 und Tabelle 11.5 zeigen die hierbei gewonnenen Werte. Auf der x-Achse des Graphen wird dabei die Anzahl der Binding IDs, d.h. die entsprechende Anzahl an Verbindungen, die der Mobile Node selbst unterhält, variiert. Zusätzlich hierzu betrachte ich ebenso die Anzahl und die Art der mitgesendeten Traffic Selektoren zur Steuerung des Datenflusses in unterschiedlichen Konfigurationen. Neben der Betrachtung für einen, fünf und zehn verschiedenen gesendeten Traffic Selektoren ermittle ich auch noch die maximal mögliche Anzahl an Traffic Selektoren, die noch innerhalb einer einzelnen Ethernet-Nachricht gesendet werden können. Hierbei unterscheide ich ebenfalls zwei unterschiedliche Arten von Traffic Selektoren. Die erste Form entspricht dabei dem in RFC 6089 [55] gemachten Vorschlag zur Konfiguration eines solchen Traffic Selektors. Die zweite Form ist eine im Verhältnis dazu reduzierte Variante, die sich lediglich aus den Source und Destinations Adressen und Ports zusammen setzt. Diese zweite Konfiguration sollte aber für die meisten Anwendungsfälle eine ausreichende Kontrolle des Datenflusses ermöglichen und ist dabei noch platzsparender. Aus Abbildung 7.10 wird deutlich, dass die Anzahl der mitgeführten Binding IDs für die verbleibende Payload keine praktische Relevanz aufweist. Die Anzahl der in der Kontrollnachricht mitgeführten Binding IDs beeinflusst die verbleibende Payload nur marginal, da die Konfiguration einer einzelnen Binding ID lediglich mit 32 Bit ins Gewicht fällt. Jede weitere hinzugefügte Binding ID wird dann sogar nur noch mit den 16 Bit ihrer persönlichen Kennziffer gewertet, da die initialen Konfigurationsparameter Sub_Option_Type und Sub_Option_Length (jeweils 8 Bit groß) schon vorhanden sind.
Wesentlich stärkeren Einfluss auf die verbleibende Payload des Kontrollpaketes haben die Traffic Selektoren, da bereits nur die Konfiguration eines einzelnen Traffic Selektors alleine 960 Bit benötigt. Jeder weitere Traffic Selektor benötigt dann immer noch 928 Bit.

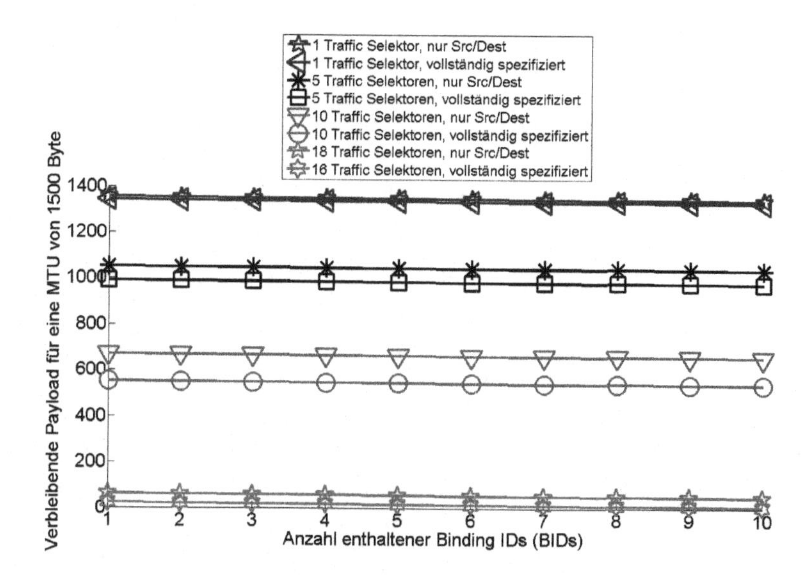

Abb. 7.10 Payload Betrachtung - Variation der Binding IDs und der Traffic Selektoren - Betrachtung mit vollständig spezifiziertem Traffic Selektor nach RFC 6088 und reduziertem Traffic Selektor bestehend aus Source und Destination Adressen und Ports

Kapitel 8
Evaluation: Simulation

Das als konkreten Anwendungsfall des Proxy-Unloading-Protokoll betrachtete CarToX-Kommunikations-szenario stellt harte Anforderungen an das Protokoll (siehe Abschnitt 1.2). Die theoretische Betrachtung in Kapitel 7 konnte bereits wesentliche Erkenntnisse zur Leistungsfähigkeit des Proxy-Unloading-Protokolls liefern. Eine abschließende Beurteilung des Protokolls lässt sich jedoch nur durch eine konkrete Simulation und deren anschließende Evaluation durchführen. Zu den Messwerten, die sich nicht durch eine theoretische Betrachtung beurteilen lassen, gehören im Wesentlichen die Latenz und der bei der Datenübertragung anfallende Paketverlust. Beide Werte sind im Hinblick auf die mobile Kommunikation besonders wichtig. Eine geringe Latenz der übertragenen Datenpakete ist ein wesentliches Kriterium für eine allgemein hohe Verbindungsqualität. Im CarToX-Kommunikationsszenario sind die Zeiten, in denen eine stabile Verbindung zur Datenübertragung besteht, vergleichsweise kurz. Minimale Latenzen und ein ebenso geringer Paketverlust bei der Datenübertragung sind daher besonders entscheidend, um eine für alle Anwendungsfälle qualitativ hochwertige Verbindung zu gewährleisten. Für das CarToX-Kommunikationsszenario ist die Skalierbarkeit des Protokolls der dritte wichtige zu untersuchende Parameter. In Szenarien wie Stau oder Berufsverkehr kann die Anzahl der zu versorgenden Entitäten schnell anwachsen. Auch in diesen Fällen muss das Protokoll dazu in der Lage sein eine hohe Verbindungsqualität zu gewährleisten.

Um die Leistungsfähigkeit des Proxy-Unloading-Protokolls umfassend beurteilen zu können, haben wir daher unsere Protokoll-Implementation durch die Simulation im Omnet++-Netzwerksimulator eingehender untersucht. Dabei wurde das Protokoll in verschiedenen Szenarien und mit unterschiedlichen Konfigurationsparametern getestet. Auf diese gehe ich nun genauer ein. Im Anschluss daran erfolgt die Auswertung der dadurch gewonnenen Messergebnisse.

8.1 Aufbau des Szenarios

Zunächst erläutere ich den konkreten Aufbau unseres Simulations-Szenarios im Detail.

Wie bereits erwähnt konnte das MCoA++-Beispielszenario [1] für die Betrachtung des Proxy-Unloading-Protokolls weitestgehend übernommen werden. Die konkrete Ausgestaltung des Szenarios ist in Abbildung 8.1 zu sehen.

Für unsere eigene Simulation modifizierte ich die Anzahl der am Szenario beteiligten Mobile Nodes und Correspondent Nodes, um dadurch die Skalierbarkeit des Protokolls nachweisen zu können. Im modifizierten Szenario lässt sich jetzt die Anzahl der Mobile Nodes und der Correspondent Nodes dynamisch skalieren. In Abbildung 8.1 z.B. wurde eine Konfiguration aus einem Correspondent Node und fünf Mobile Nodes gewählt. Die Mobile Nodes bewegen sich dabei immer noch wie im MCoA++-Beispiel rein zufällig.

Home Agent und Correspondent Nodes sind über ein kleines Netzwerk aus Routern miteinander verbunden und bilden gemeinsam das Backend des Netzes. Die Mobile Nodes können mit den Correspondent Nodes über insgesamt drei verschiedene Access Points kommunizieren.

Um die Fähigkeiten des Proxy-Unloading-Protokolls zur Steuerung des Datenflusses aufzeigen zu können, mussten die notwendigen Voraussetzungen zur Verwendung der Multihoming-Funktionalität innerhalb der Simulation geschaffen werden. Das Proxy-Unloading-Protokoll kann einen gewünschten dynamischen Netzwechsel zur Datenflusssteuerung nur vornehmen, wenn mehrere Verbindungen gleichzeitig zur Auswahl stehen. Um diese Voraussetzung zu erfüllen, erhöhe ich die Sendereichweite der drei vorhandenen Access Points des Beispiel-Szenarios. Dies ermöglicht eine vollständige Abdeckung des gesamten Bewegungsbereichs der Mobile Nodes durch jeden der Drei. Die für die Datenflusssteuerung durch das Proxy-Unloading-Protokoll notwendige Multihoming- Anbindung ist somit zu jedem Zeitpunkt der Simulation sichergestellt.

[1] http://mcoa.dei.uc.pt/download.html

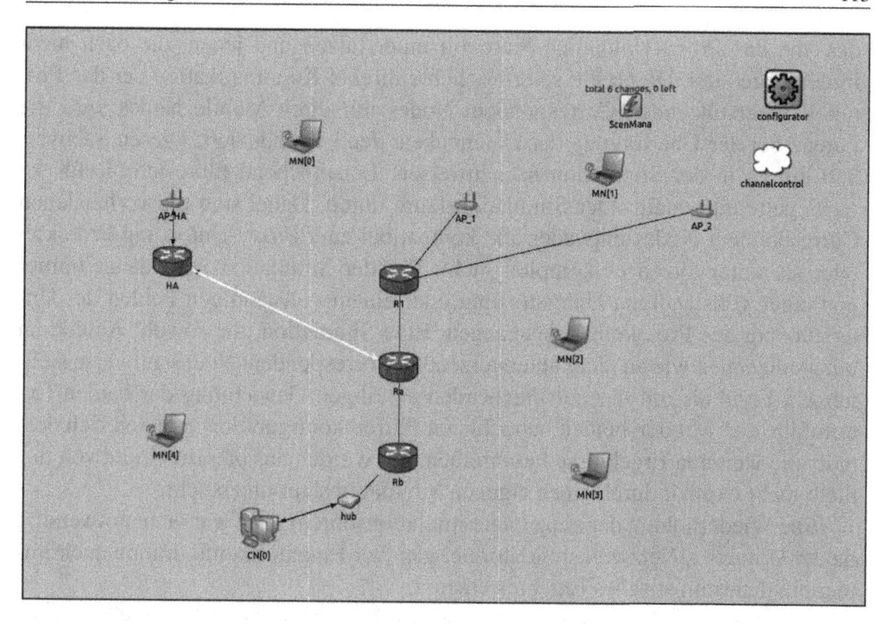

Abb. 8.1 Konkreter Aufbau des betrachteten Simulations-Szenarios. Die dargestellte Konfiguration beinhaltet fünf Mobile Nodes und einen Correspondent Node. Diese können über drei verschiedene WLAN-Acess Points miteinander kommunizieren. Das Backend, in dem sich der Correspondent Node befindet, besteht dabei aus einem kleinen Verbund an Routern.

8.2 Beschreibung der variierten Parameter

Zur Durchführung der verschiedenen Simulationsszenarien variiere ich folgende Parameter:

Offensichtlicher Parameter zur Überprüfung der Skalierbarkeit des Proxy-Unloading-Protokolls ist die Anzahl der an der Simulation beteiligten Knoten. Sowohl die Anzahl der Mobile Nodes als auch die der Correspondent Nodes variiere ich in den verschiedenen Simulationsdurchgängen. Ausgehend vom Minimal-Szenario, bestehend aus einem Mobile Node und einem Correspondent Node, erhöhe ich die jeweilige Anzahl sukzessive. Die Anzahl der kommunizierenden Mobile Nodes wird dabei gleichmäßig auf die Menge der zur Verfügung stehenden Correspondent Nodes verteilt. Bei einer Konfiguration aus fünf Mobile Nodes und fünf Correspondent Nodes entspricht dies z.B. einer bidirektionalen Kommunikation zwischen jeweils einem Mobile Node und einem Correspondent Node.

Neben der reinen Anzahl der an der Simulation beteiligten Knoten unterscheide ich im Kontext der Simulation auch zwischen den Correspondent Nodes, die das Proxy-Unloading-Protokoll unterstützen und jenen, die dazu nicht in der Lage sind. Durch die so ermöglichte direkte Kommunikation der das Protokoll unterstützenden Correspondent Nodes mit ihren Mobile Nodes wird die Latenz bei der Übertragung der Datenpakete deutlich reduziert. Diesen Sachverhalt gilt es in der Simulation nachzuweisen. Entsprechend führe ich hierfür jeweils getrennt voneinander Simulationsläufe durch. Dabei sind die vorhandenen Correspondent Nodes entweder alle kompatibel zum Proxy-Unloading-Protokoll oder sie unterstützen es komplett nicht. Bei der Simulation wird daher immer von einer vollständigen Unterstützung oder einem vollständigen Fehlen der Unterstützung des Protokolls ausgegangen. Eine Simulation, die sowohl Anteile an unterstützenden wie an nicht unterstützenden Correspondent Nodes aufweist, stellt nur ein Ergebnis mit der entsprechenden anteiligen Gewichtung der beiden Extremfälle dar. Mit den beiden betrachteten Extremkonfigurationen lassen sich deshalb alle weiteren Ergebnisse beschreiben. Sie wurden aus diesem Grund von mir nicht mehr explizit durch einen eigenen Simulationslauf untersucht.

Eine Wiederholung der einzelnen Simulationsdurchgänge war nicht notwendig, da der Omnet++-Netzwerksimulator bei gleicher Eingangskonfiguration auch immer ein deterministisches Ergebnis erzeugt.

8.3 Auswertung

Zur Beurteilung der Performanz des Proxy-Unloading-Protokolls erhoben wir als Ergebnisse der Simulation jeweils zwei verschiedene Messwerte. Dies ist einerseits die bei der Übertragung von Datenpaketen auftretende **Latenzzeit**. Andererseits wurde zusätzlich zur Latenz der bei der Datenübertragung auftretende **Paketverlust** gemessen.

Die beiden verschiedenen Parameter untersuchten wir dabei in mehreren unterschiedlich konfigurierten Szenarien. Ausgehend von einem minimalen Szenario, bestehend aus einem einzelnen Mobile Node und einem einzelnen Correspondent Node, erhöhten wir die Anzahl der Mobile Nodes stufenweise. Nach jedem Durchgang in dem die Anzahl der Mobile Nodes vergrößert worden war, wurde dann ebenfalls sukzessive die Anzahl der Correspondent Nodes auf das Niveau der Mobile Nodes angehoben. Bei Abschluss dieser zweischrittigen Anhebung bedeutet dies somit immer, dass jedem Mobile Node ein einzelner Correspondent Node als direkter Kommunikationspartner zur Verfügung steht. Sind dagegen mehr Mobile Nodes als Correspondent Nodes vorhanden, so werden diese gleichmäßig auf die Correspondent Nodes aufgeteilt, um eine faire Lastverteilung im Rahmen der Simulation zu erreichen.

8.3.1 Latenz

Der folgende Abschnitt zeigt die gemessenen Latenzen bei der Nutzung des Proxy-Unloading-Protokolls auf.

Abbildung 8.2 und Tabelle 8.1 sowie Abbildung 8.3 und Tabelle 8.2 zeigen jeweils für alle durchgeführten Simulationen die Boxplots der gemessenen Latenzwerte und ihre exakten Mediane. Im jeweiligen Boxplot sind diese durch einen roten Strich dargestellt. Die Boxplots sind die grafische Visualisierung der Messergebnisse der an der Simulation beteiligten Mobile Nodes. Im minimalen Szenario, in das nur ein einzelner Mobile Node eingebunden ist, gibt es demzufolge auch nur einen einzelnen Messwert zur Betrachtung. Abbildung 8.2 und Tabelle 8.1 beinhalten dabei die gemessenen Latenzen für eine Datenübertragung, bei der alle Correspondent Nodes das Proxy-Unloading-Protokoll unterstützen. Im Gegensatz dazu beinhalten Abbildung 8.3 und Tabelle 8.2 die Messwerte für alle Simulationsdurchgänge, in denen das Protokoll von den Correspondent Nodes nicht unterstützt wird. In allen Messreihen konnte die in der Theorie gemachte Annahme der Latenzreduktion nachgewiesen werden. Es ist über alle Messwerte hinweg eine Reduktion der Latenz zu erkennen, sofern das Proxy-Unloading-Protokoll direkt durch die beteiligten Correspondent Nodes unterstützt wurde und nicht mehr durch den Home Agent umgesetzt werden muss. Das in der Theorie angestrebte Verhalten der direkten Kommunikation zwischen Mobile Node und Correspondent Node, vergleichbar mit der Enhanced Route Optimization des Mobile IPv6 Protokolls [5], konnte somit erfolgreich in der Simulation dargestellt werden.

Lediglich bei der letzten durchgeführten Messreihe (15 Mobile Nodes kommunizieren gleichzeitig mit einem Correspondent Node) fällt der Latenzgewinn geringer aus als im Vergleich zum Rest der durchgeführten Simulationen. Diese Messreihe muss jedoch auch bei dem im Folgenden dargestellten Paketverlust gesondert betrachtet werden, da sich hierbei die erzielten Messwerte ebenfalls deutlich vom Rest der Messreihen unterscheiden.

Die Ursache hierfür liegt wahrscheinlich in der größeren Anzahl der Mobile Nodes begründet. Wieso bereits eine so verhältnismäßig kleine Menge an Mobile Nodes jedoch schon einen so signifikanten Unterschied der Messwerte hervor rufen kann, lässt sich nicht mit abschließender Exaktheit erklären. Da das MCoA++-Beispielszenario nur aus zwei Mobile Nodes und einem Correspondent Node aufgebaut war, lässt sich keine direkte Aussage darüber treffen, ob die angesetzte Zahl der Mobile Nodes das Limit des Omnet++-Netzwerksimulators oder der verwendeten MCoA++-Implementierung hinsichtlich noch sinnvoller Messwerte bereits überschritten hat. Lediglich die durch eigene Untersuchung gemachte Erfahrung, dass schon bei einem Szenario von 20 Mobile Nodes der Omnet++-Simulator reproduzierbar zum Absturz gebracht werden konnte, lässt Rückschlüsse darauf zu, dass hierbei möglicherweise eine Grenze hinsichtlich der Performanz des Simulators überschritten wurde. Unter diesem Eindruck ist die letzte dargestellte Messreihe daher mit einer gesonderter Sichtweise zu betrachten. Trotzdem zeigt sich auch hierbei noch ein positiver und signifikanter Unterschied zwischen den gemessenen Latenzen.

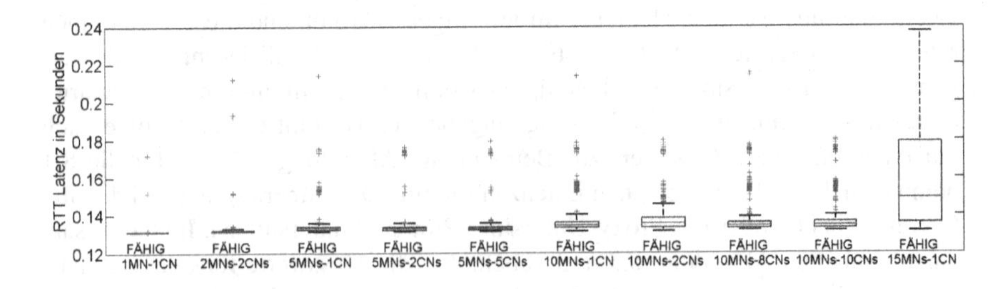

Abb. 8.2 Latenzmessung - Das Proxy-Unloading-Protokoll wird unterstützt.

Tabelle 8.1 Latenzmessung - Das Proxy-Unloading-Protokoll wird unterstützt.

Latenz	1MN/1CN	2MNs/2CNs	5MNs/1CN	5MNs/2CNs	5MNs/5CNs
Median	0.1326234181	0.1359403544	0.1361367634	0.1338371331	0.1343699723
Latenz	10MNs/1CN	10MNs/2CNs	10MNs/8CNs	10MNs/10CNs	15MNs/1CN
Median	0.1378319949	0.1394407893	0.136811098	0.1382251074	0.1623530878

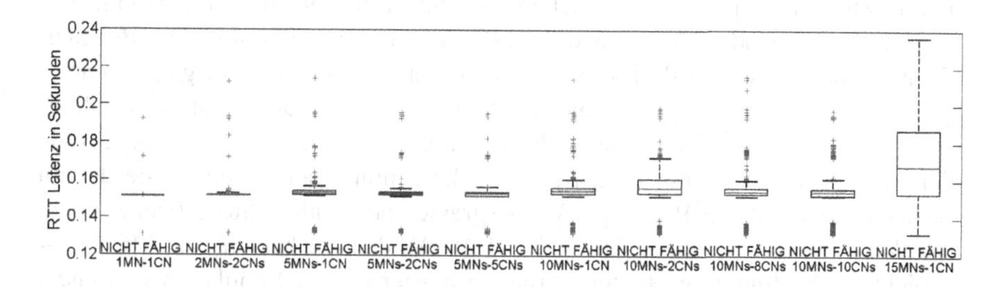

Abb. 8.3 Latenzmessung - Das Proxy-Unloading-Protokoll wird nicht unterstützt.

Tabelle 8.2 Latenzmessung - Das Proxy-Unloading-Protokoll wird nicht unterstützt.

Latenz	1MN/1CN	2MNs/2CNs	5MNs/1CN	5MNs/2CNs	5MNs/5CNs
Median	0.1515472185	0.1512846531	0.1548795797	0.1548074521	0.1543802703
Latenz	10MNs/1CN	10MNs/2CNs	10MNs/8CNs	10MNs/10CNs	15MNs/1CN
Median	0.1541143186	0.1579083516	0.1539284517	0.1524887355	0.1749295998

8.3.2 Paketverlust

Abbildungen 8.4 und 8.5, sowie die Tabellen 8.3 und 8.4 zeigen, vergleichbar mit den Abbildungen und Tabellen für die Latenzen, die Boxplots und Mittelwerte der von den Mobile Nodes empfangenen Paketanzahl auf. Die Simulationszeit wurde auf 200 Sekunden festgelegt. Innerhalb dieser Zeit sendet jeder Mobile Node 173 Paket-Anfragen an seinen jeweiligen Correspondent Node. Dieser Wert resultiert aus dem für die Mobile Nodes eingestellten Sendeintervall für die Anfrage eines Datenpaketes von 1,1 Sekunden und der eingestellten Bearbeitungszeit des kommunizierenden Correspondent Nodes von 0,1 Sekunden. Wenn der Correspondent Node eine entsprechende Anfrage vom Mobile Node erhält, antwortet er darauf mit dem Senden einer passenden Video-Nachricht. Diese Nachricht wird dann als empfangenes Paket gezählt, sofern es den Mobile Node erreicht. Über alle Messreihen hinweg ist zu erkennen, dass der von uns gemessene aufgetretene Paketverlust unverhältnismäßig hoch ist. Jegliche Erhöhung der Anzahl der Kommunikationspartner (sowohl Mobile Nodes als auch Correspondent Nodes) führt zu einer massiven Erhöhung des Paketverlustes. Ausschließlich die minimale Simulationskonfiguration aus einem Mobile Node und einem Correspondent Node kann mit 5% bei der Unterstützung des Protokolls bzw. 8% bei fehlender Unterstützung noch halbwegs vertretbare Paketverlust-Werte erzielen. Die Ursache für diesen massiv auftretenden Paketverlust kann im Rahmen meiner Thesis nicht abschließend geklärt werden. Eine mögliche Ursache hierfür vermute ich im Zusammenspiel unseres skalierenden Szenarios aus mehreren Mobile Nodes und Correspondent Nodes und der MCoA++-Implementierung. Das Beispiel-Szenario des MCoA++-Projektes, das für unsere Zwecke als Ausgangsszenario genutzt wurde, stellt selbst nur eine ziemlich kleine Konfiguration aus zwei Mobile Nodes (von denen einer sogar noch statisch ist) und einem Correspondent Node dar. Aber schon hier zeigen sich bei der Betrachtung der Paketverluste der im Szenario verwendeten Ping-Applikation gravierende Unterschiede (siehe hierzu die Werte im Anhang unter Abschnitt 11.2). Werden die beiden vom MCoA++-Projekt zur Verfügung gestellten Verhaltensmuster bei der Simulation verwendet („MCoA_ALL" und „MCoA_SINGLEFIRST"), tritt jeweils ein mit 75% extrem hoher Paketverlust ein. Wird dagegen die ebenfalls in der Konfiguration vorhandene Möglichkeit der ausschließlichen Nutzung der Mobile-IPv6-Implementierung (xMIPv6) gewählt (über die Konfigurationsparameter „MIPv6"), so reduziert sich der auftretende Paketverlust auf nur noch knapp 3%. Eine tiefer gehende Untersuchung der Gründe für den hohen Paketverlust insbesondere im möglichen Zusammenhang mit der Verwendung der MCoA++-Implementierung ist hierfür erforderlich.

Für zukünftige Projekte im Rahmen der Nutzung des Omnet++-Netzwerksimulators und der Mobile-IPv6-Implementierung xMIPv6 empfehle ich daher, sich möglichst auf die reine xMIPv6-Implementierung zu beschränken. Diese erscheint mir für eigene Simulationen wesentlich robuster geeignet. Diese Einschätzung liegt darin begründet, dass die xMIPv6-Implementierung bereits Bestandteil des INET-Frameworks [2], der Standard-Paket-Sammlung des Omnet++-Netzwerksimulators, ist. Somit müssen die Entwickler von Omnet++ und des INET-Frameworks die xMIPv6-Implementierung als ausreichend tragfähig für weitere Projekte eingestuft haben. Diesem Eindruck kann ich mich aufgrund der erzielten Messergebnisse im MCoA++-Beispielszenario anschließen.

Für die Umsetzung des Proxy-Unloading-Protokolls war jedoch die durch das MCoA++-Projekt bereit gestellte Funktionalität des Multihomings zwingend erforderlich. Aufgrund der aufgetretenen Schwierigkeiten im Zusammenhang mit der Nutzung der Implementation würde ich für zukünftige Projekte jedoch von der weiteren Nutzung abraten. Eine umfassendere Betrachtung der Projekt- Modifikationen und eine Ursachen-Untersuchung für die von uns erzielten Messwerte hinsichtlich des Paketverlustes wäre andernfalls zu Beginn weiterer Projekte

[2] http://inet.omnetpp.org/

zwingend erforderlich. Diesen persönlichen Eindruck bestätigt auch die teilweise unvollständige Dokumentation des MCoA++-Projektes [3] (Stand April 2015).

Unabhängig von den absoluten Zahlenwerten sind die relativen Paketverluste beim Vergleich der beiden Konfigurationen (Protokollunterstützung und fehlende Protokollunterstützung) aufschlussreich. Da die Paketverluste bei einer gleichwertigen Anzahl von Mobile Nodes und Correspondent Nodes bei allen betrachteten Konfigurationen immer in der gleichen Größenordnung angestiegen sind, lässt sich trotz der hohen Verlustwerte ein direkter Vergleich anführen. Im Schnitt ergibt sich bei der Unterstützung des Proxy-Unloading-Protokolls durch die Correspondent Nodes somit ein um 3% geringerer Paketverlust als bei den untersuchten Konfigurationen, in denen eine direkte Kommunikation zwischen Correspondent Nodes und Mobile Nodes nicht möglich gewesen ist. Dieser Trend ist ein gutes Zeichen, in der Theorie sollten die Paketverluste in beiden Fällen jedoch ähnlich klein sein.

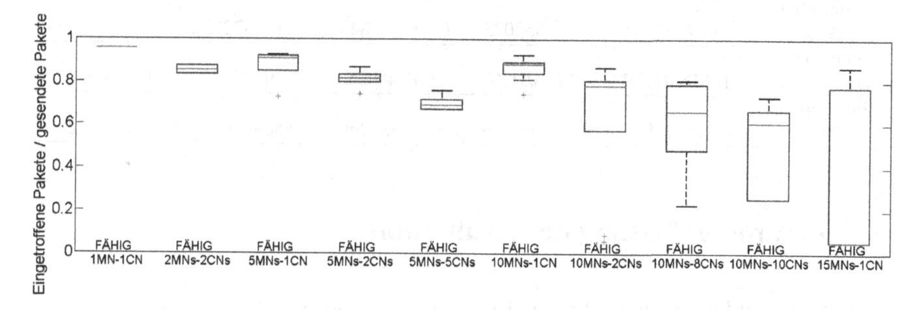

Abb. 8.4 Package-Receive-Rate - Das Proxy-Unloading-Protokoll wird unterstützt.

Tabelle 8.3 Paketverlust - Das Proxy-Unloading-Protokoll wird unterstützt.

empfangene Daten-Pakete	1MN/1CN	2MNs/2CNs	5MNs/1CN	5MNs/2CNs	5MNs/5CNs
Prozentualer Anteil	0.953757225	0.852601156	0.873988439	0.811560693	0.692678227
empfangene Daten-Pakete	**10MNs/1CN**	**10MNs/2CNs**	**10MNs/8CNs**	**10MNs/10CNs**	**15MNs/1CN**
Prozentualer Anteil	0.860693641	0.617341040	0.597687861	0.497687861	0.397302504

[3] http://mcoa.dei.uc.pt/doc.html

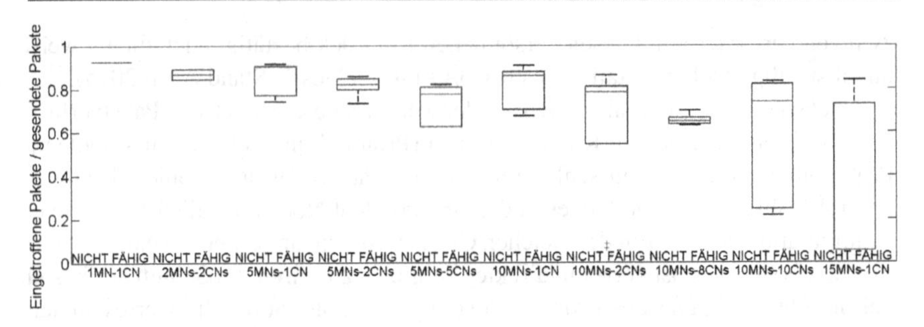

Abb. 8.5 Package-Receive-Rate - Das Proxy-Unloading-Protokoll wird nicht unterstützt.

Tabelle 8.4 Paketverlust - Das Proxy-Unloading-Protokoll wird nicht unterstützt.

empfangene Daten-Pakete	1MN/1CN	2MNs/2CNs	5MNs/1CN	5MNs/2CNs	5MNs/5CNs
Prozentualer Anteil	0.924855491	0.867052023	0.847398843	0.813872832	0.729479768
empfangene Daten-Pakete	10MNs/1CN	10MNs/2CNs	10MNs/8CNs	10MNs/10CNs	15MNs/1CN
Prozentualer Anteil	0.815028901	0.615606936	0.654335260	0.568786127	0.337572254

8.4 Zusammenfassung der Evaluation

Abschließend lassen sich folgende Ergebnisse aus der Evaluation festhalten.

Für die Verifikation des Proxy-Unloading-Protokolls konnte erfolgreich ein Simulationsszenario im Omnet++-Netzwerksimulator aufgebaut werden. Die Simulation sollte die Skalierbarkeit und die Leistungsfähigkeit des Protokolls nachweisen. Dafür habe ich die Anzahl von Correspondent Nodes und Mobile Nodes in den verschiedenen Simulationsdurchläufen variiert. Die Correspondent Nodes betrachtete ich dabei in Konfigurationen der Unterstützung und der fehlenden Unterstützung des Proxy-Unloading-Protokolls. In jedem Durchlauf habe ich dann die Latenz und den Paketverlust während der Datenübertragung gemessen.

Mit Hilfe dieser Messwerte konnte ich die im Konzept angestrebte Latenzverbesserung bei der direkten Kommunikation zwischen Mobile Node und Correspondent Node erfolgreich verifizieren. Über alle Messreihen hinweg ergab sich eine signifikante Verbesserung der Latenz.

Die gemessenen Paketverluste entsprechen dagegen nicht den in der Theorie erwarteten Werten. Eine genauere Überprüfung der Ursache hierfür ist erforderlich. Ich vermute den Grund in der Implementierung des MCoA++-Projektes.

Die hohen Messwerte decken sich mit denen im Beispielszenario des MCoA++-Projektes. Im direkten Vergleich der Werte schneidet das Szenario, welches das Proxy-Unloading-Protokoll unterstützt, etwas besser ab als das nicht unterstützende Szenario. Dieser Trend ist positiv zu bewerten, entspricht aber nicht dem in der Theorie erwarteten gleichwertigen Paketverlust beider Szenarien.

Kapitel 9
Ausblick

In diesem Kapitel gebe ich einen Ausblick auf interessante zukünftige Fragestellungen, die im Verlauf meiner Masterthesis zur Diskussion kamen.

9.1 Bewertung des MCoA++ Projektes

Aufgrund der von mir während der Implementierung und Simulation gemachten Erfahrungen kann ich die direkte Verwendung des MCoA++-Projektes für zukünftige Fragestellungen nicht empfehlen. Für meine Implementierung des Proxy-Unloading-Protokolls bin ich initial von dessen Fehlerfreiheit ausgegangen. Die zu Beginn angenommene direkte Nutzung des Projektes für mein eigenes Protokoll war jedoch nicht möglich. Zudem konnten weitere Fehlerquellen des Projektes bis zum Ende meiner Arbeit nicht restlos ausgeschlossen werden. Ich rate daher dazu zunächst eine eigene Implementierung des Multihoming-Konzeptes umzusetzen. Als Ausgangsbasis für eine solche Umsetzung empfehle ich die xMIPv6-Implementierung von Mobile IPv6. Diese ist bereits Bestandteil des Standard-Frameworks INET des Omnet++-Netzwerksimulators und damit als ausgereifte Grundlage zu bewerten. Auf die Details, die mich zu dieser Bewertung geführt haben, gehe ich in Abschnitt 11.7 des Anhangs noch einmal genauer ein.

9.2 Erhöhung der Skalierbarkeit

Die durch den Omnet++-Netzwerksimulator erreichte Anzahl von kommunizierenden Mobile Nodes im Rahmen der Simulation ist zu gering, um darüber konkrete Aussagen hinsichtlich der Funktionalität des Proxy-Unloading-Protokolls in einem CarToX basierten Kommunikationsszenario treffen zu können. Wie bereits erwähnt, kam es bereits bei einer Konfiguration von 20 kommunizierenden Mobile Nodes und einem Correspondent Node zum mehrfachen Absturz des Simulators. Meine eigene Simulation muss daher als eine erste Referenzimplementierung angesehen werden, die die konkreten Abläufe des Protokolls in einem kleinen Rahmen nachvollziehbar darstellt. Ob die Ursache hierfür auch in der Verwendung des MCoA++-Projektes begründet ist oder eine generelle Limitierung des Omnet++-Netzwerksimulators vorliegt, sollte in weiter gehenden Untersuchungen überprüft werden. Ich erhoffe mir insbesondere durch die Verwendung des VSimRTI-Frameworks[48] eine bedeutende Erhöhung der Anzahl der an der Simulation beteiligten Mobile Nodes. Nur so können aussagekräftigere Messungen für das angestrebte konkrete Einsatzszenario des Proxy-Unloading-Protokolls im Rahmen der CarToX-Kommunikation durchgeführt werden.

9.3 Ausweitung des betrachteten Szenarios

Sollten die Probleme hinsichtlich der MCoA++-Implementierung und der Skalierbarkeit gelöst worden sein, ergeben sich danach noch zahlreiche weitere interessante Fragestellungen bei der Beschäftigung mit dem Proxy-Unloading-Protokoll.

Das von mir untersuchte Simulationsszenario stellt nur eine erste nicht sehr tiefgehende Betrachtung des Proxy-Unloading-Protokolls dar. Aufgrund der massiven Implementierungsschwierigkeiten, die ich im Zuge der Umsetzung im Omnet++-Netzwerksimulator zu bewältigen hatte, konnte ich die Simulationen nicht in größerem Umfang durchführen. Somit bietet die Ausweitung des Simulationsszenarios meiner Meinung nach noch einiges an Potential, das bisher nicht näher untersucht wurde.

Eine Erweiterung des Backends um weitere Router und die Variation der Ausgangspositionen der in die Kommunikation involvierten Correspondent Nodes im Backend dürfte nur eine von vielen weiteren Möglichkeiten sein, um zu interessanten neuen Erkenntnissen zu gelangen. Insbesondere sinnvolle Standorte für die Correspondent Nodes im Hinblick auf mögliche Belastungsszenarien des Netzwerkes oder konkreter Ausfälle bestimmter Teile der Netzwerkinfrastruktur könnten somit in Erfahrung gebracht werden.

Zusätzlich könnte hierzu das von mir konzeptuell beschriebene Szenario der direkten Kommunikation zweier Mobile Nodes untereinander untersucht werden. Bei der von mir durchgeführten Simulation wurde bisher immer nur die ursprünglich angedachte Kommunikation zwischen einem Mobile Node und seinem Correspondent Node (einem Legacy Server im Internet) unter Vermittlung des jeweiligen Home Agents betrachtet. Die direkte Kommunikation zwischen den Mobile Nodes stellt jedoch einen weiteren sehr interessanten Anwendungsfall dar, der ohne größeren Implementierungsaufwand ebenfalls überprüft werden könnte. Parameter wie die Durchschnittsgeschwindigkeit der beteiligten Mobile Nodes könnten hierbei variiert werden, um insbesondere die Unterschiede zwischen einem städtischen Szenario und einer Überlandfahrt zu simulieren. Auch hierfür bietet das VSimRTI-Framework durch eine tatsächliche Simulation der konkreten Verkehrssituation entscheidende Vorteile gegenüber der reinen von mir durchgeführten Simulation in Omnet++.

9.4 Verlagerung der Flusskontrolle

Ein weiterer interessanter Aspekt, der bei der Konzeption des Proxy-Unloading-Protokolls aufkam (siehe hierzu Abschnitt 5), ist die zusätzliche Absicherung der Datenfluss-Steuerung durch die im Netzwerk vorhandenen Router. Sie werden zu diesem Zweck direkt mit einer dem Home Agent vergleichbaren regelbasierten Routing-Funktionalität ausgestattet. Bei einem Ausfall des Home Agents kann somit dennoch ein verbindungsoptimiertes Routing erfolgen. Ein für alle Router initial festgelegter Regelsatz könnte für eine Verbesserung der Verbindungsqualität bereits ausreichend sein. Die Untersuchung eines direkten Vergleichs dieses statischen Ansatzes mit der dynamischen Anpassung der Regeln in den Routern an den momentan vorliegenden Datenfluss wäre auch sehr interessant.

9.5 Konzept des Flow Labels

Um die Steuerung größerer Datenflüsse effizienter gestalten zu können, wäre auch die eingehendere Betrachtung des IPv6-Flow-Labels in der von Amante et al. [4] vorgeschlagenen Verwendungsweise lohnenswert. Die Vermeidung der Deep Packet Inspection ist im Hinblick auf die zu erwartende Rechenkapazität, die zur Steuerung des Datenflusses notwendig ist, von entscheidender Bedeutung. Unter Verwendung des Flow-Labels könnte man auf die Deep Packet Inspection verzichten und somit die benötigte Rechenleistung, d.h. die damit verbundenen Kosten für die Router-Infrastruktur, deutlich senken. Reduzierte Kosten wiederum ziehen eine erhöhte Akzeptanz und damit eine potentiell große und schnell vollzogene Verbreitung nach sich. Dies sollte sicherlich eines der wichtigsten Ziele eines jeden praxisrelevanten Protokolls sein.

Kapitel 10
Zusammenfassung und Fazit

In diesem Kapitel meiner Arbeit gebe ich nun eine abschließende Zusammenfassung meiner Thesis. Im Anschluss daran ziehe ich ein Fazit über die erzielten Ergebnisse.

10.1 Zusammenfassung

In der vorliegenden Masterarbeit stelle ich mit dem Proxy-Unloading-Protokoll einen neuen Protokollentwurf für den Einsatz innerhalb des CarToX-Kommunikationsszenarios vor. Das Protokoll zeichnen dabei zwei wesentliche Eigenschaften aus. Einerseits bietet es Funktionen zur gezielten Datenflusskontrolle, um sich somit effektiv an die variierenden Rahmenbedienungen während der Fahrt eines Automobils anzupassen. Andererseits werden durch das Protokoll mit der Verwendung eines Proxy-Servers an die bestehende Netzwerkinfrastruktur und die mit dem Automobil kommunizierende Legacy Server keinerlei zusätzliche Anforderungen gestellt. Dies erleichtert im Vergleich zu anderen Protokollen dessen Umsetzbarkeit in bestehenden Netzwerken enorm.

Um den Protokollentwurf fundiert zu entwickeln, gibt Kapitel 4 zunächst einen Überblick über die bereits für die mobile Kommunikation vorhandenen Protokolle. Hierbei werden die konkreten Stärken und Schwächen der einzelnen betrachteten Protokolle untereinander herausgearbeitet und im darauf folgenden Abschnitt konkret im Hinblick auf das CarToX-Kommunikationsszenario bewertet. Aus den so gewonnen Erkenntnissen wird in Abschnitt 5.1 das Konzept für den Entwurf des Proxy-Unloading-Protokolls abgeleitet. Das Mobile IPv6 Protokoll und dessen Erweiterung Proxy Mobile IPv6 bilden hierbei die wesentliche konzeptuelle Grundlage. Die über alle Transport-Protokolle hinweg übergreifende Gewährleistung von Mobilität durch das Mobile IPv6 Protokoll und die Vermeidung neuer technischer Anforderungen auf Seiten der Legacy Server bei der Verwendung eines Proxy Servers gemäß dem Proxy Mobile IPv6 Protokoll sind die beiden entscheidendsten Funktionen, die ich für mein Protokoll übernommen habe. Neben der konkret in Kapitel 6 umgesetzten Funktionalität meines Protokolls, die ich in in Kapitel 5.1 konzeptuell vorstelle, gehe ich in Abschnitt 5.5 auf weitere Konzepte ein, die zusätzliche neue Optionen eröffnen und Potential für zukünftige Fragestellungen bieten. Die Erweiterung des ursprünglich angedachten Konzepts der Kommunikation zwischen Legacy Servern des Internets und einem Fahrzeug hin zur direkten Kommunikation zwischen zwei Fahrzeugen ist hier als ein Beispiel zu nennen. In Kapitel 6 schildere ich im Detail meine im Verlauf der Arbeit durchgeführte Implementierung des Protokolls im Omnet++-Netzwerksimulator. Ebenso erläutere ich in diesem Abschnitt die dabei aufgetretenen Schwierigkeiten ausführlich. In Kapitel 7 schließlich betrachte ich die Leistungsfähigkeit des Protokolls theoretisch. Dabei variiere ich unterschiedliche Parameter und vergleiche ihre Konfigurationen untereinander. Faktoren wie das im Protokoll zum Einsatz kommende Publish-Subscribe-Feature und die verbleibende Payload zur Übertragung weiterer Kontrollflussinformationen sind nur zwei der untersuchten Eigenschaften. Das Multipath-TCP-Protokoll dient bei allen Betrachtungen als Referenz. Im Zuge der theoretischen Betrachtung wird ebenfalls die namensgebende Eigenschaft des Protokolls, die signifikante Entlastung des initial verwendeten Proxy-Servers dargestellt. Durch diese angestrebte aber im Hinblick auf die Umsetzbarkeit optionale Lastverlagerung unterscheidet sich das Protokoll wesentlich vom bereits bekannten Proxy Mobile IPv6. Die durch die Kommunikation auf dem Proxy-Server entstehende Last verschiebt sich auf die in den Datenaustausch involvierten Legacy Server. Die deutliche Entlastung des Proxy-Servers zeige ich in der theoretischen Betrachtung auf. In Kapitel 8 stelle ich das konkrete Simulationsszenario zum Testen meiner Implementation des Proxy-Unloading-Protokolls genau vor. Die Anzahl der Mobile Nodes und den mit ihnen kommunizierenden Correspondent Nodes wird dabei in den einzelnen Simulationsdurchgängen variiert. Zusätzlich dazu betrachte ich auch die Anzahl der das Protokoll unterstützenden Correspondent Nodes in verschiedenen Konfigurationen. In Abschnitt 8.3 erfolgt die detaillierte Auswertung der dabei gewonnenen Messergebnisse von Paketverlust und Latenz. Hierbei kann in sämtlichen durchgeführten Simulationsläufen der theoretisch erwartete Vorteil eines Latenzgewinnes bei der Unterstützung des Proxy-Unloading-Protokolls durch die Correspondent Nodes auch in der Simulation nachgewiesen werden. Abschließend zeige ich in Kapitel 9 einen Ausblick auf zukünftige Fragestellungen und weitere Entwicklungsmöglichkeiten der Funktionalität meines Protokolls auf. Die Ausweitung der Flusskontrolle auf weitere Netzknoten und die eingehendere Betrachtung des von Carpenter et al. vorgeschlagenen Flow Labels in IPv6 [14] zur Vermeidung der von uns eingesetzten Deep Packet Inspection zählen hierzu.

10.2 Abschließendes Fazit

Mit dem Proxy-Unloading-Protokoll kann ich das Ziel meiner Masterarbeit, den Entwurf eines speziell auf die Anforderungen des CarToX-Kommunikations- szenarios angepasstes Protokolls, erfolgreich umsetzen. Das Protokoll unterstützt alle wesentlichen Features für die mobile Kommunikation. Hierzu zählen u.a. die Mobilität des Clients, Multihoming-Unterstützung und das damit verbundene make-before-break-Konzept (siehe Abschnitt 2). Letzteres wird vom Protokoll nicht nur wie von anderen Protokollen her bekannt zur Ausfallsicherung genutzt. Dies ist z.B. bei Shim6 [40] der Fall. Die Möglichkeiten, die sich durch das Multihoming-Konzept ergeben, werden vielmehr für die Einführung einer effektiven Datenflusskontrolle genutzt. Somit besteht die neue Option die dynamischen Verbindungsbedingungen des CarToX-Kommunikationsszenarios auszuwerten und dadurch die zur Verfügung stehende Datenübertragungsrate effektiv zu nutzen. Die von den Reisenden im Fahrzeug wahrgenommene Verbindungsqualität kann hierdurch entscheidend verbessert werden. Durch das im Protokoll umgesetzte Publish-Subscribe-Feature wird der dafür notwendige Kontrollfluss über die kostenintensive Luftschnittstelle des Automobils auf ein Minimum reduziert. Darüber hinaus sind die Anforderungen an die bereits bestehende Netzwerkinfrastruktur zur Einführung des Protokolls durch die Verwendung eines Proxy-Servers und des Mobile IPv6 Protokolls als funktionale Basis für den Datenaustausch sehr gering. Legacy Server benötigen überhaupt keinerlei zusätzliche Funktionalität, um eine Kommunikation mit einem Fahrzeug zu etablieren. Sie können jedoch durch die eigenständige Unterstützung des Proxy-Unloading-Protokolls entscheidend die Verbindungslatenz durch direkte Kommunikation mit dem Fahrzeug optimieren. Der Proxy-Server wird damit deutlich entlastet und die Robustheit der Datenübertragung bei Verwendung des Protokolls entscheidend verbessert. Die Leistungsfähigkeit des Protokolls kann dabei sowohl in einer detaillierten, theoretischen Betrachtung als auch durch eine erste funktionale Implementierung und daran anknüpfende Simulation nachgewiesen werden.

Abschließend ist nochmals hervorzuheben, dass die verwendeten Konzepte zur Kommunikation zwischen Fahrzeug und Legacy Server noch großes Potential für zukünftige Erweiterungen bieten. Dies wird in der Implementierungsphase durch die hohe Transparenz und die Übereinstimmung der einzelnen funktionalen Module für die drei an der Kommunikation beteiligten Entitäten (Mobile Node, Home Agent, Correspondent Node) deutlich. Potentielle Fehlerquellen durch Redundanz in der eigenen Umsetzung können dadurch wesentlich minimiert werden und eröffnen Möglichkeiten für die Übertragung auf andere Problemstellungen wie z.B. die von mir konzeptuell angedachte direkte Kommunikation zweier Fahrzeuge.

Kapitel 11
Anhang

11.1 Detailübersicht Implementierung

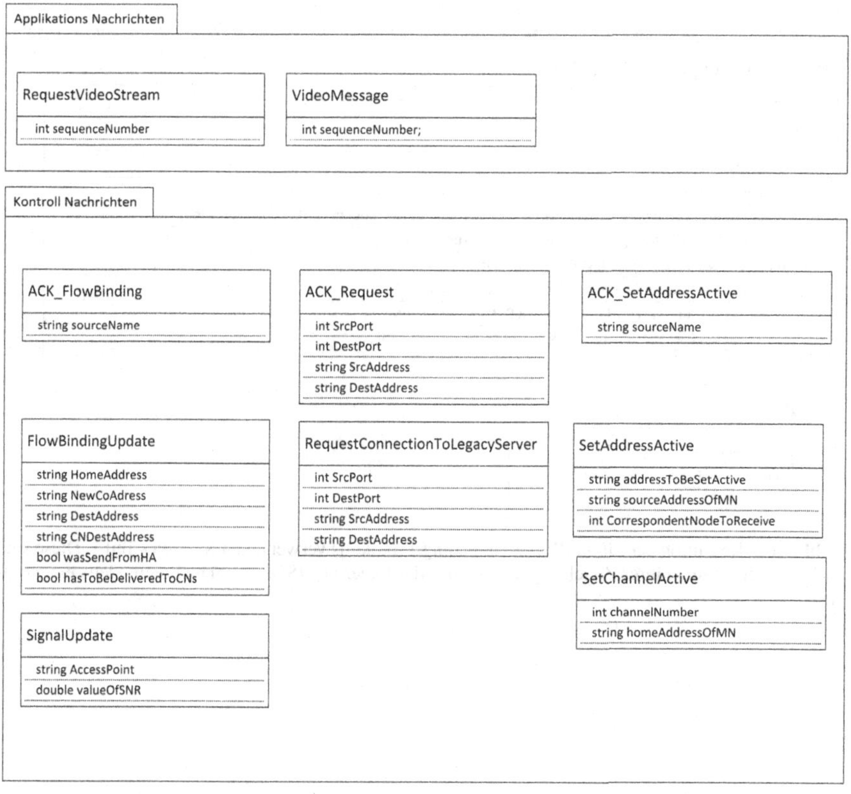

Applikations Nachrichten

RequestVideoStream
- int sequenceNumber

VideoMessage
- int sequenceNumber;

Kontroll Nachrichten

ACK_FlowBinding
- string sourceName

ACK_Request
- int SrcPort
- int DestPort
- string SrcAddress
- string DestAddress

ACK_SetAddressActive
- string sourceName

FlowBindingUpdate
- string HomeAddress
- string NewCoAdress
- string DestAddress
- string CNDestAddress
- bool wasSendFromHA
- bool hasToBeDeliveredToCNs

RequestConnectionToLegacyServer
- int SrcPort
- int DestPort
- string SrcAddress
- string DestAddress

SetAddressActive
- string addressToBeSetActive
- string sourceAddressOfMN
- int CorrespondentNodeToReceive

SetChannelActive
- int channelNumber
- string homeAddressOfMN

SignalUpdate
- string AccessPoint
- double valueOfSNR

Abb. 11.1 Definition der innerhalb des Proxy-Unloading-Protokolls verwendeten Kontrollnachrichten

Applikation Layer L5

Proxy_Enhanced_MCoAVideoCli
- initialize()
- handleMessage(cMessage* msg)
- sendControlData(cMessage* msg)

Proxy_Enhanced_MCoAVideoSrv
- initialize()
- handleMessage(cMessage *msg)
- sendStreamData(cMessage *msg)

Proxy_Enhanced_MCoAVideoProxy
- handleMessage(cMessage* msg)

Proxy_Unloading_Control_App
- initialize()
- handleMessage(cMessage* msg)
- sendChangeDataFlowMessage(int corresPondentNodeToReceive)

Transport Layer L4

Network Layer L3

IPv6
- initialize()
- endService(cPacket *msg)
- routePacket(IPv6Datagram *datagram, InterfaceEntry *destIE, bool fromHL, bool isTunneled)
- isLocalAddress(IPv6Datagram *datagram, bool isTunnelled)
- replaceFlowSourceAddress(IPv6Datagram *datagram)
- calculateFlowSourceAddress(IPv6Datagram *datagram)
- replaceDestAddresseWithHaAddress(IPv6Datagram *datagram)
- encapsulate(cPacket *transportPacket, InterfaceEntry *&destIE)

xMIPv6
- initialize(int stage)
- sendPeriodicBU(cMessage *msg)

Abb. 11.2 Definition der für das Proxy-Unloading-Protokolls verwendeten Klassen - Teil 1. Diese sind dabei jeweils gemäß ihrer Zugehörigkeit in eines der Layer des ISO/OSI-Schichtenmodells eingeordnet.

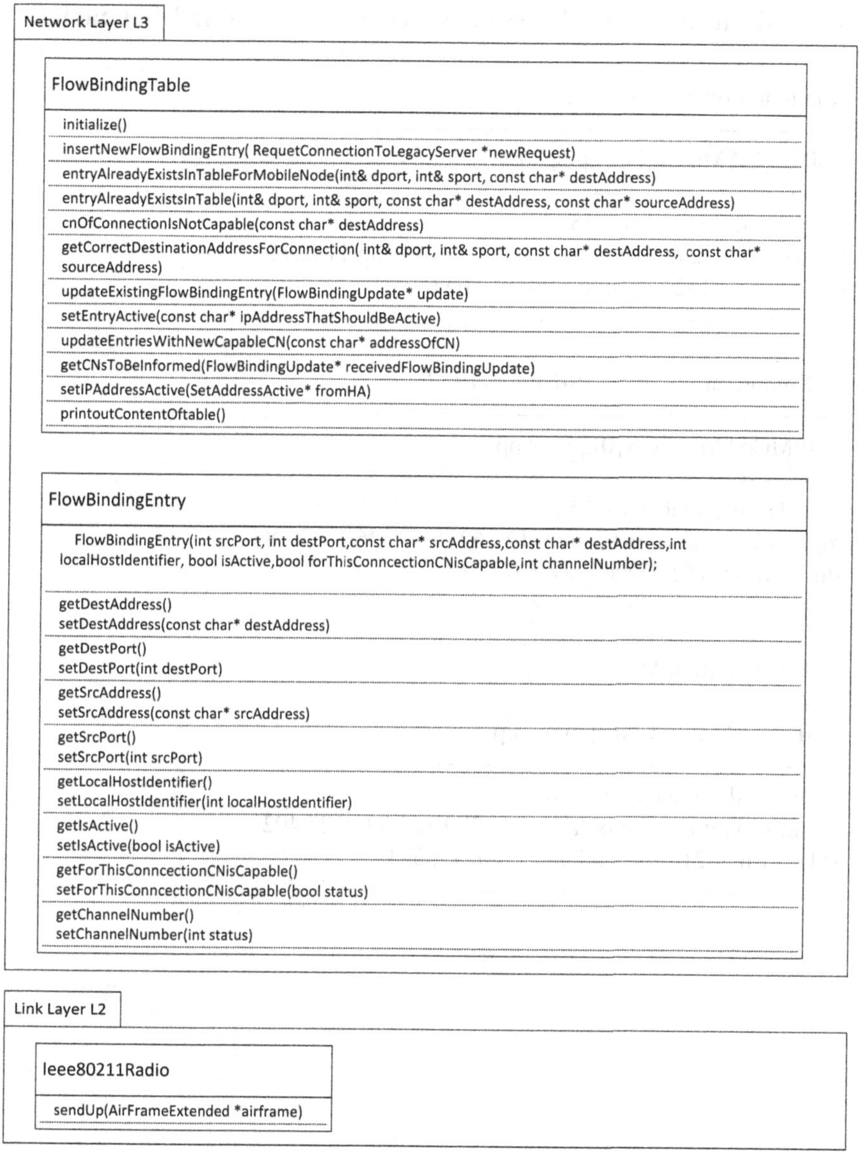

Network Layer L3

FlowBindingTable

- initialize()
- insertNewFlowBindingEntry(RequetConnectionToLegacyServer *newRequest)
- entryAlreadyExistsInTableForMobileNode(int& dport, int& sport, const char* destAddress)
- entryAlreadyExistsInTable(int& dport, int& sport, const char* destAddress, const char* sourceAddress)
- cnOfConnectionIsNotCapable(const char* destAddress)
- getCorrectDestinationAddressForConnection(int& dport, int& sport, const char* destAddress, const char* sourceAddress)
- updateExistingFlowBindingEntry(FlowBindingUpdate* update)
- setEntryActive(const char* ipAddressThatShouldBeActive)
- updateEntriesWithNewCapableCN(const char* addressOfCN)
- getCNsToBeInformed(FlowBindingUpdate* receivedFlowBindingUpdate)
- setIPAddressActive(SetAddressActive* fromHA)
- printoutContentOftable()

FlowBindingEntry

- FlowBindingEntry(int srcPort, int destPort,const char* srcAddress,const char* destAddress,int localHostIdentifier, bool isActive,bool forThisConncectionCNisCapable,int channelNumber);
- getDestAddress()
  setDestAddress(const char* destAddress)
- getDestPort()
  setDestPort(int destPort)
- getSrcAddress()
  setSrcAddress(const char* srcAddress)
- getSrcPort()
  setSrcPort(int srcPort)
- getLocalHostIdentifier()
  setLocalHostIdentifier(int localHostIdentifier)
- getIsActive()
  setIsActive(bool isActive)
- getForThisConncectionCNisCapable()
  setForThisConncectionCNisCapable(bool status)
- getChannelNumber()
  setChannelNumber(int status)

Link Layer L2

Ieee80211Radio

- sendUp(AirFrameExtended *airframe)

Abb. 11.3 Definition der für das Proxy-Unloading-Protokolls verwendeten Klassen - Teil 2. Diese sind dabei jeweils gemäß ihrer Zugehörigkeit in eines der Layer des ISO/OSI-Schichtenmodells eingeordnet.

11.2 Simulationsergebnisse des MCoA++-Standard-Szenarios

Konfiguration MCoA_ALL:

VoIPMCoAMulti.CN[0].pingApp

---

sent: 185 drop rate (%): 75.6757
round-trip min/avg/max (ms): 121.694/147.336/1142.78
stddev (ms): 152.53 variance:0.0232654

Konfiguration MCoA_SINGLEFIRST:

VoIPMCoAMulti.CN[0].pingApp

---

sent: 185 drop rate (%): 75.6757
round-trip min/avg/max (ms): 121.694/147.336/1142.78
stddev (ms): 152.53 variance:0.0232654

Konfiguration MIPv6:

VoIPMCoAMulti.CN[0].pingApp

---

sent: 185 drop rate (%): 2.7027
round-trip min/avg/max (ms): 121.779/126.921/222.402
stddev (ms): 21.8784 variance:0.000478664

11.3 Tabellen für die Graphen der theoretischen Betrachtung

Tabelle 11.1 Last-Betrachtung auf dem Proxy Server - Variation der zur Verfügung stehenden Server in das Protokoll unterstützende und nicht unterstützende Entitäten, bei gleichzeitiger Variation der Anzahl der anfragenden Fahrzeuge

Anzahl von Fahrzeugen	1000	2000	3000	4000	5000	6000	7000	8000	9000	$1x10^4$
Nicht Capable = 10 Capable = 0 Payload 7 MB	$2.4x10^5$	$4.8x10^5$	$7.2x10^5$	$9.6x10^5$	$1.2x10^6$	$1.44x10^6$	$1.68x10^6$	$1.92x10^6$	$2.16x10^6$	$2.4x10^6$
Nicht Capable = 5 Capable = 5 Payload 7 MB	$1.5x10^5$	$3x10^5$	$4.5x10^5$	$6x10^5$	$7.5x10^5$	$9x10^5$	$1.05x10^6$	$1.2x10^6$	$1.35x10^6$	$1.5x10^6$
Nicht Capable = 10 Capable = 0 Payload 3 MB	$1.6x10^5$	$3.2x10^5$	$4.8x10^5$	$6.4x10^5$	$8x10^5$	$9.6x10^5$	$1.12x10^6$	$1.28x10^6$	$1.44x10^6$	$1.6x10^6$
Nicht Capable = 5 Capable = 5 Payload 3 MB	$1.1x10^5$	$2.2x10^5$	$3.3x10^5$	$4.4x10^5$	$5.5x10^5$	$6.6x10^5$	$7.7x10^5$	$8.8x10^5$	$9.9x10^5$	$1.1x10^6$
Nicht Capable = 10 Capable = 0 Payload 0,1 MB	$8x10^4$	$1.6x10^5$	$2.4x10^5$	$3.2x10^5$	$4x10^5$	$4.8x10^5$	$5.6x10^5$	$6.4x10^5$	$7.2x10^5$	$8x10^5$
Nicht Capable = 5 Capable = 5 Payload 0,1 MB	$7x10^4$	$1.4x10^5$	$2.1x10^5$	$2.8x10^5$	$3.5x10^5$	$4.2x10^5$	$4.9x10^5$	$5.6x10^5$	$6.3x10^5$	$7x10^5$
Nicht Capable = 0 Capable = 10 beliebige Payload	$6x10^4$	$1.2x10^5$	$1.8x10^5$	$2.4x10^5$	$3x10^5$	$3.6x10^5$	$4.2x10^5$	$4.8x10^5$	$5.4x10^5$	$6x10^5$

Tabelle 11.2 Publish-Subscribe-Feature - Variation der Geschwindigkeit des Fahrzeugs

Geschwindigkeit des Fahrzeugs in km/h	50	60	70	80	90	100	110	120	130	140	150	160	170	180	190	200
MPTCP - 5 Verbindungen	20.83	25	29.17	33.33	37.5	41.67	45.83	50	54.17	58.33	62.5	66.67	70.83	75	79.17	83.33
Ohne Publish Subscribe Feature - 10 Verbindungen	16.67	20	23.33	26.67	30	33.33	36.67	40	43.33	46.67	50	53.33	56.67	60	63.33	66.67
Ohne Publish Subscribe Feature - 5 Verbindungen:	8.333	10	11.67	13.33	15	16.67	18.33	20	21.67	23.33	25	26.67	28.33	30	31.67	33.33
MPTCP - 1 Verbindung	4.167	5	5.833	6.667	7.5	8.333	9.167	10	10.83	11.67	12.5	13.33	14.17	15	15.83	16.67
Ohne Publish Subscribe Feature - 1 Verbindung	1.667	2	2.333	2.667	3	3.333	3.667	4	4.333	4.667	5	5.333	5.667	6	6.333	6.667
Mit Publish Subscribe Feature - beliebige Anzahl Verbindungen	1.667	2	2.333	2.667	3	3.333	3.667	4	4.333	4.667	5	5.333	5.667	6	6.333	6.667

Tabelle 11.3 Publish-Subscribe-Feature - Variation der Reichweite der Road Side Units - Überlandfahrt bei einer Geschwindigkeit von 100 km/h

Sendereichweite der Road Side Units	500	550	600	650	700	750	800	850	900	950	1000
MPTCP 5 Verbindungen	83.33	79.17	75	70.83	66.67	62.5	58.33	54.17	50	45.83	41.67
Ohne Publish Subscribe Feature 10 Verbindungen	66.67	63.33	60	56.67	53.33	50	46.67	43.33	40	36.67	33.33
Ohne Publish Subscribe Feature 5 Verbindungen	33.33	31.67	30	28.33	26.67	25	23.33	21.67	20	18.33	16.67
MPTCP 1 Verbindung	16.67	15.83	15	14.17	13.33	12.5	11.67	10.83	10	9.167	8.333
Ohne Publish Subscribe Feature 1 Verbindung	6.667	6.333	6	5.667	5.333	5	4.667	4.333	4	3.667	3.333
Mit Publish Subscribe Feature beliebige Anzahl Verbindungen	6.667	6.333	6	5.667	5.333	5	4.667	4.333	4	3.667	3.333

Tabelle 11.4 Publish-Subscribe-Feature - Variation der Reichweite der Road Side Units - innerstädtische Fahrt bei einer Geschwindigkeit von 50 km/h

Sendereichweite der Road Side Units	150	200	250	300	350	400	450	500
MPTCP - 5 Verbindung	138.9	125	111.1	97.22	83.33	69.44	55.56	41.67
Ohne Publish Subscribe Feature - 10 Verbindungen	111.1	100	88.89	77.78	66.67	55.56	44.44	33.33
Ohne Publish Subscribe Feature - 5 Verbindungen	55.56	50	44.44	38.89	33.33	27.78	22.22	16.67
MPTCP - 1 Verbindung	27.78	25	22.22	19.44	16.67	13.89	11.11	8.333
Ohne Publish Subscribe Feature - 1 Verbindung	11.11	10	8.889	7.778	6.667	5.556	4.444	3.333
Mit Publish Subscribe Feature - beliebige Anzahl Verbindungen	11.11	10	8.889	7.778	6.667	5.556	4.444	3.333

Tabelle 11.5 Payload Betrachtung - Variation der Binding IDs und der Traffic Selektoren - Betrachtung mit vollständig spezifiziertem Traffic Selektor nach RFC 6088 und reduziertem Traffic Selektor bestehend aus Source und Destination Adressen und Ports

Anzahl Binding IDs	1	2	3	4	5	6	7	8	9	10
1 Traffic Selektor, nur Src/Dest	1356	1354	1352	1350	1348	1346	1344	1342	1340	1338
1 Traffic Selektor, vollständig spezifiziert	1344	1342	1340	1338	1336	1334	1332	1330	1328	1326
5 Traffic Selektoren, nur Src/Dest	1052	1050	1048	1046	1044	1042	1040	1038	1036	1034
5 Traffic Selektoren, vollständig spezifiziert	992	990	988	986	984	982	980	978	976	974
10 Traffic Selektoren, nur Src/Dest	672	670	668	666	664	662	660	658	656	654
5 Traffic Selektoren, vollständig spezifiziert	552	550	548	546	544	542	540	538	536	534
18 Traffic Selektoren, nur Src/Dest	64	62	60	58	56	54	52	50	48	46
16 Traffic Selektoren, vollständig spezifiziert	24	22	20	18	16	14	12	10	8	6

11.4 Simulationsparameter

Tabelle 11.6 Liste der Parameter, die für die Simulation verwendet wurden.

Parameter	Wert
Dauer eines Simulationsdurchlaufs	200 Sekunden
Anzahl Mobile Nodes	1-15
Anzahl Correspondent Nodes	1-10
Bewegungsraum	800 x 560 Meter
Bewgungsmuster der Mobile Nodes	zufällige Bewegung
Bewegungsgeschwindigkeit der Mobile Nodes	10 Meter pro Sekunde
Latenzen Ethernet-Verbindung (außer zwischen Ra und Rb)	10 ms
Latenzen Internet-Verbindung zwischen Router Ra und Rb	20 ms
Sendeintervall Request Mobile Node	1,1 Sekunden
Sendeintervall Response Correspondent Node	0,1 Sekunden
Radio Pathloss Alpha	1
Radio Transmitter Power	2.0 mW
Thermal Noise	-110dBm

11.5 Konkreter Aufbau von Binding ID und Traffic Selektor

```
0                   1                   2                   3
0 1 2 3 4 5 6 7 8 9 0 1 2 3 4 5 6 7 8 9 0 1 2 3 4 5 6 7 8 9 0 1
+-+-+-+-+-+-+-+-+-+-+-+-+-+-+-+-+-+-+-+-+-+-+-+-+-+-+-+-+-+-+-+-+
|Sub-Opt Type   |  Sub-Opt Len  |              BID              |
+-+-+-+-+-+-+-+-+-+-+-+-+-+-+-+-+-+-+-+-+-+-+-+-+-+-+-+-+-+-+-+-+
|     BID ........
+-+-+-+-+-+-+-+-+-+-
```

Abb. 11.4 Exakter Aufbau der Binding ID. Jede weitere Binding ID kann daran als zusätzliche 16 Bit große Zahlenkombination angefügt werden. Die Darstellung ist aus RFC 6089 [55] entnommen. Siehe Fig. 4 auf Seite 9 in [55].

Abb. 11.5 Exakter Aufbau des durch RFC 6088 [56] vorgestellten beispielhaften Traffic Selektors - Teil 1. Die Darstellung ist entnommen aus RFC 6088 [56]. Siehe Fig. 2 auf Seite 6 in [56].

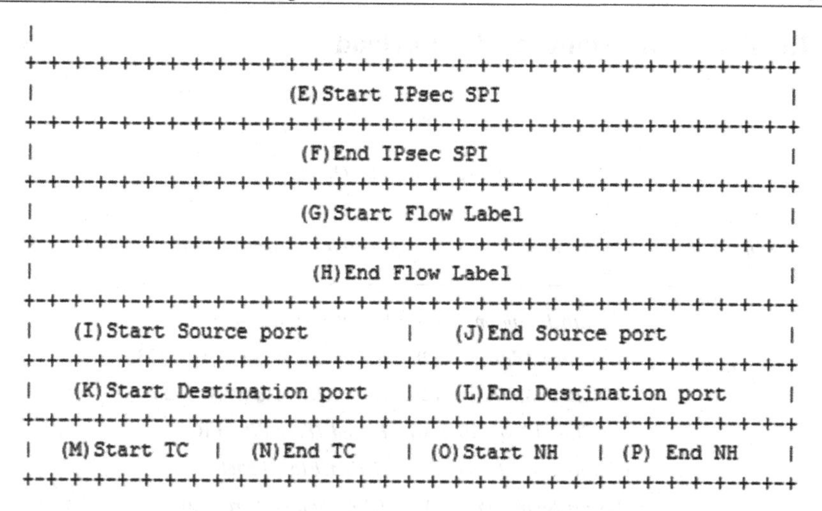

Abb. 11.6 Exakter Aufbau des durch RFC 6088 [56] vorgestellten beispielhaften Traffic Selektors - Teil 2. Die Darstellung ist entnommen aus RFC 6088 [56]. Siehe Fig. 2 auf Seite 6 in [56].

11.6 Exakte Berechnung der Payload

$$Sub\_Opt\_Type = 8 \quad Sub\_Opt\_Len = 8$$

$$BID = 16$$

$$Binding\_Reference\_Sub\_Option = Sub\_Opt\_Type + Sub\_Opt\_Len + No\_of\_Binding\_IDs \cdot BID$$

$$A\_to\_P\_Option\_Flags = 16 \quad Reserved\_2 = 16$$

$$A\_Start\_Source\_Address = 128 \quad B\_End\_Source\_Address = 128$$

$$C\_Start\_Dest\_Address = 128 \quad D\_End\_Dest\_Address = 128$$

$$E\_Start\_IPsec\_SPI = 16 \quad F\_End\_IPsec\_SPI = 16$$

$$G\_Start\_Flow\_Label = 16 \quad H\_End\_Flow\_Label = 16$$

$$I\_Start\_Source\_Port = 16 \quad J\_End\_Source\_Port = 16$$

$$K\_Start\_Dest\_Port = 16 \quad L\_End\_Dest\_Port = 16$$

$$M\_Start\_TC = 8 \quad N\_End\_TC = 8$$

$$O\_Start\_NH = 8 \quad P\_End\_NH = 8$$

$$\begin{gathered} Traffic\_Selector = A\_to\_P\_Option\_Flags + Reserved\_2 + A\_Start\_Source\_Address + \\ B\_End\_Source\_Address + C\_Start\_Dest\_Address + D\_End\_Dest\_Address + E\_Start\_IPsec\_SPI + \\ F\_End\_IPsec\_SPI + G\_Start\_Flow\_Label + H\_End\_Flow\_Label + I\_Start\_Source\_Port + \\ J\_End\_Source\_Port + K\_Start\_Dest\_Port + L\_End\_Dest\_Port + M\_Start\_TC + \\ N\_End\_TC + O\_Start\_NH + P\_End\_NH \end{gathered}$$

Abb. 11.7 Exakte Formel zur Betrachtung der verbleibenden Payload eines Kontrolldaten-Pakets. (Zahlenwerte in Bit)

$$Sub\_Opt\_Type = 8$$
$$Sub\_Opt\_Len = 8$$
$$TS\_Format = 8$$
$$Reserved = 8$$

$$Traffic\_Selector\_Sub\_Option = Sub\_Opt\_Type + Sub\_Opt\_Len + TS\_Format + Reserved$$
$$+ No\_Of\_Traffic\_Selectors \cdot Traffic\_Selector$$

$$Option\_Type = 8$$
$$Option\_Len = 8$$
$$FID = 16$$
$$FID\_PRI = 16$$
$$Reserved = 8$$
$$Status = 8$$

$$Mobility\_Options = Option\_Type + Option\_Len + FID +$$
$$FID\_PRI + Reserved + Status +$$
$$(is\_Available\_Reference\_Sub\_Option \cdot Binding\_Reference\_Sub\_Option) +$$
$$(is\_Available\_Traffic\_Selector\_Sub\_Option \cdot Traffic\_Selector\_Sub\_Option)$$

Abb. 11.8 Exakte Formel zur Betrachtung der verbleibenden Payload eines Kontrolldaten-Pakets - Fortsetzung. Die exakte Größe der Binding_Update_Paket_with_Flow_Mobility_Option ist dabei abhängig von der Anzahl der übertragenen Binding IDs und angegebenen Traffic Selektoren. (Zahlenwerte in Bit)

$$Sequence\_no = 16$$
$$A = 1 \quad H = 1$$
$$L = 1 \quad K = 1$$
$$Reserved = 12 \quad Lifetime = 16$$

$$Message\_Data = Sequence\_no + A + H + L + K + Reserved + Lifetime + Mobility\_Options$$

$$PayLoad\_Proto = 8 \quad Header\_Len = 8$$
$$MH\_Type = 8 \quad Reserved = 8$$
$$Checksum = 16$$

$$Binding\_Update\_Paket\_with\_Flow\_Mobility\_Option =$$
$$PayLoad\_Proto + Header\_Len + MH\_Type + Reserved +$$
$$Checksum + Message\_Data$$

$$VerbleibendePayloadeinesPakets = MaximumTransmissionUnit -$$
$$Binding\_Update\_Paket\_with\_Flow\_Mobility\_Option \quad (9)$$

Abb. 11.9 Exakte Formel zur Betrachtung der verbleibenden Payload eines Kontrolldaten-Pakets - Fortsetzung. (Zahlenwerte in Bit)

11.7 Bewertung des MCoA++ Projektes im Detail

Zum derzeitigen Zeitpunkt rate ich von einer weiteren direkten und unveränderten Verwendung des MCoA++ Projektes ab. Grund hierfür sind die in der Implementierungsphase aufgetretenen und oftmals sehr widersprüchlichen Probleme (siehe Abschnitt 6.3) im Zusammenhang mit der Verwendung des Projektes. Ohne eine tiefer gehende Ursachenforschung kann ich das von mir erweiterte MCoA++-Beispiel-Szenario deshalb nicht für die eigene Nutzung empfehlen. Das Projekt erscheint mir nach dem von mir festgestellten Verhalten als zu unsicher, um es ohne eine eingehendere Überprüfung weiter zu verwenden. Insbesondere die gemessenen, hohen absoluten Zahlenwerte hinsichtlich des Paketverlustes ähneln nicht im Entferntesten denen in empirischen Studien gemessenen Werten [13] . Meine Empfehlung wäre daher zunächst die gezielte Untersuchung des MCoA++-Projektes, um daraus mögliche Fehlerquellen in der Simulation ableiten zu können. Das ursprüngliche MCoA++-Beispielszenario weist wie bereits erläutert lediglich eine unidirektionale Kommunikation von Seiten des Correspondent Node zum Mobile Node auf. Zudem ist die Größe des Beispielszenarios hinsichtlich der Anzahl der beteiligten Knoten sehr klein. Im Zuge meiner Skalierungsänderungen habe ich die ursprüngliche Menge kommunizierender Entitäten (zwei Mobile Nodes und ein Correspondent Node) deutlich überschritten. Ob in diesem Sachverhalten eine Ursache für die hohen Paketverluste begründet liegt, müsste zunächst genau nachvollzogen werden.

Da jedoch nicht mit abschließender Sicherheit ein Erfolg dieser Untersuchung garantiert werden kann, erscheint mir die direkte Durchführung einer eigenen Umsetzung des Multihoming-Konzepts ausgehend von der Mobile IPv6 Implementierung xMIPv6 im Omnet++-Netzwerksimulator als ein einfacheres Unterfangen.

Wäre mir dieser Sachverhalt bereits zu Beginn meiner Masterthesis bekannt gewesen, so hätte ich sicherlich selbst eine entsprechende Umsetzung initial angestrebt. Dies war jedoch leider nicht der Fall und so musste ich, soweit es für mich nachvollziehbar war, in kleinschrittiger Teilarbeit die vorhandenen Fehler und Probleme im Hinblick auf das von mir gewünschte bidirektionale Kommunikationsszenario auffinden und beheben.

Im Besonderen ist mir dabei der Aufbau des MCoA++-Projektes negativ aufgefallen. Das Projekt modifiziert zunächst einmal selbst die bestehende Mobile IPv6 Implementierung (xMIPv6). Das ursprüngliche Konzept der Binding-IDs (BIDs) wird dabei erweitert, um eine weiterhin eindeutige Zuordnung der Access Points zu den mit ihnen verbundenen Mobile Nodes gewährleisten zu können. Dies wird durch die benötigte Multihoming-Fähigkeit notwendig und ist somit für mich nachvollziehbar und verständlich. Den weiteren gewählten Implementierungsansatz finde ich dagegen fragwürdig. So wurde mit der MCoA-UDP-Base-

Klasse auf der Application-Layer Ebene eine Basis-Klasse geschaffen von der, soweit es für mich nachvollziehbar war, alle UDP-Applikationen zwingend erben müssen, wenn Sie Multihoming verwenden möchten. In meiner eigenen Implementierung habe ich dagegen versucht soweit wie möglich unabhängig vom Application-Layer zu agieren, um hier keine Konflikte mit bereits bestehenden Applikationen zu verursachen. Die Hauptfunktionalität meines Protokolls ist dabei unabhängig von Application-Layer und Transport-Layer auf dem Network-Layer einzuordnen. Das MCoA++-Projekt dagegen legt einen seiner beiden für mich feststellbaren Implementierungsschwerpunkte in Form der Basis-Klasse auf das Application-Layer. Ich würde stattdessen versuchen bei der Umsetzung einer eigenen Multihoming-Implementierung diese ebenfalls auf dem darunter liegenden Netzwerk-Layer zu konzentrieren. Dadurch fällt die notwendige Anpassung bestehender Applikationen weg. Ebenso können dann sämtliche Transport Layer Protokolle direkt von der Erweiterung profitieren. Das MCoA++-Projekt muss dagegen für jedes Transportprotokoll spezifisch angepasst werden. Zudem habe ich im Laufe meiner Implementierung immer größere Teile der MCoA-UDP-Base-Klasse verworfen. In der Endfassung wies die Klasse keine Funktion mehr auf. Als Beispiel wäre hier u.a. die von der MCoA-UDP-Base-Klasse implizit durchgeführte IP-Adressenersetzung im Stile der Routeoptimization des IPv6-Protokolls [5] zu nennen. Die Adressersetzung ist für mich auf dieser Ebene des ISO/OSI-Stacks nicht begründet nachvollziehbar. Zudem funktionierte Sie auch nur in der durch das Beispiel-Szenario vorgegebenen unidirektionalen Kommunikationsrichtung korrekt. Die bidirektionale Kommunikation war nicht möglich, da die angegebene Adresse des jeweiligen Correspondent Nodes jedes Mal falsch durch die IP-Adresse des Home Agents ersetzt wurde. Zudem führte die Adressersetzung zu ungewollten Komplikationen mit meiner eigenen Implementierung. Die zuvor bereits modifizierten IP-Adressen konnten dann nicht mehr sinnvoll den Mobile Nodes und den Correspondent Nodes zugeordnet werden. Nach der entsprechenden Entfernung aller ungewollter Codeelemente verblieb somit als Einziges noch die Modifikationen der xMIPv6-Implementation durch das MCoA++-Projekt in meiner eigenen Implementierung.

Diese verbliebenen Codeteile würde ich demnach für eine eigene Implementation genauer betrachten und versuchen die daraus sinnvoll erscheinenden Konzepte zu übernehmen.

Literaturverzeichnis

1. Abley J (2012) Considerations on the Application of the Level 3 Multihoming Shim Protocol for IPv6 (Shim6). RFC 6629, Internet Engineering Task Force
2. Achour A (2011) Shim6-based mobility management for multi-homed terminals in heterogeneous environment. Eigth International Conference on Wireless and Optical Communications Networks (WOCN), IEEE
3. Ahlund C (2003) Multihoming with Mobile IP. 6th IEEE International Conference on High Speed Networks and Multimedia Communications HSNCM'03, Springer Verlag, Lecture Notes in Computer Science
4. Amante S (2012) IPv6 Flow Label Update. Präsentation, North American IPv6 Summit
5. Arkko J (2007) Enhanced Route Optimization for Mobile IPv6. RFC 4866, Network Working Group
6. Atkinson R (2010) Evolving the Internet Architecture Through Naming. Journal on selecteed areas in communications, Vol. 28, NO. 8, IEEE
7. Atkinson R (2012) Identifier-Locator Network Protocol (ILNP) Architectural Description. RFC 6740, Internet Research Task Force
8. Atkinson R (2012) Identifier-Locator Network Protocol (ILNP) Engineering Considerations. RFC 6741, Internet Research Task Force
9. Bagnulo M (2007) Multihoming Support for Mobile IPv6 Networks. Projekt RiNG und IMPROVISA, IEEE wireless Communications
10. Baker F (2004) Ingress Filtering for Multihomed Networks. RFC 3704, Network Working Group
11. Becke M (2010) Load Sharing for the Stream Control Transmission Protocol (SCTP). Internet-Draft, Network Working Group
12. Bo C (2010) Mobile IPv6 without Home Agent. International Conference on Electrical Engineering/Electronics Computer Telecommunications and Information Technology (ECTI-CON), IEEE
13. Borella M (1998) Internet Packet Loss: Measurement and Implications for End-to-End QoS. 1998 Proceedings of the 1998 ICPP Workshops on Architectural and OS Support for Multimedia Applications/Flexible Communication Systems/Wireless Networks and Mobile Computing, IEEE
14. Carpenter B (2011) Using the IPv6 Flow Label for Equal Cost Multipath Routing and Link Aggregation in Tunnels. RFC 6438, Internet Engineering Task Force
15. und D Kaspar JCL (2007) PMIPv6 Fast Handover for PMIPv6 Based on 802.11 Network. draft-lee-netlmm-fmip-00.txt, Internet Draft
16. Deering S (2001) Watching the Waist of the Protocol Hourglass. ITEF 51 London, IETF
17. Devarapalli V (2005) Network Mobility (NEMO) Basic Support Protocol. RFC 3963, Network Working Group
18. Droms R (1997) Dynamic Host Configuration Protocol. RFC 2131, Network Working Group

19. Ed SG (2008) Proxy Mobile IPv6. RFC 5213, Network Working Group
20. Eddy W (2004) Dynamic Host Configuration Protocol. IEEE Communications Magazine, Volume:42, Issue:10, IEEE
21. Egevang K (1994) The IP Network Address Translator (NAT). RFC 1631, Network Working Group
22. Egli PR (2014) PMIPv6 - Proxy Mobile IPv6 - RFC5213. Rev. 1.40, indigoo.com
23. F Xia uBS (2007) Mobile Node Agnostic Fast Handovers for Proxy Mobile IPv6. draft-xia-netlmm-fmip-mnagno- 01.txt, Internet Draft
24. Ford A (2013) TCP Extensions for Multipath Operation with Multiple Addresse. RFC 6824, Internet Engineering Task Force (IETF)
25. Gwon Y (2004) Scalability and Robustness Analysis of Mobile IPv6, Fast Mobile IPv6, Hierarchical Mobile IPv6, and Hybrid IPv6 Mobility Protocols Using a Large-scale Simulation. IEEE International Conference on Communications, IEEE
26. Helsinki MR (2004) Which Layer for Mobility? Comparing Mobile IPv6, HIP SCTP. HUT T-110.551 Seminar on Internetworking, IETF
27. Henderson T (2003) Host Mobility for IP Networks: A Comparison. IEEE Network, Volume:17, Issue:6, IEEE
28. Jiang D (2008) IEEE 802.11p: Towards an International Standard for Wireless Access in Vehicular Environments. Vehicular Technology Conference, 2008. VTC Spring 2008. IEEE, IEEE
29. Johnson D (2004) Mobility Support in IPv6. RFC 3775, Network Working Group
30. Kang J (2008) Seamless Handover Scheme for Proxy Mobile IPv. WIMOB '08., IEEE International Conference on Wireless and Mobile Computing, Networking and Communications
31. Kohler E (2006) Datagram Congestion Control Protocol (DCCP). RFC 4340, Network Working Group
32. Kong K (2008) Mobility Management for All-IP Mobile Networks: Mobile IPv6 vs. Proxy Mobile IPv6. IEEE Wireless Communications, IEEE
33. Koodli R (2009) Mobile IPv6 Fast Handovers. RFC 5268, Network Working Group
34. Kuptsov D (2011) Performance of multipath HIP vs MPTCP. ITEF 82 Proceedings Taipei Taiwan, IETF
35. Lee H (2007) NEtwork MObility (NEMO) - Präsentation
36. Lee HB (2010) Network Mobility Support Scheme on PMIPv6 Networks. Vol.2,No.5, International Journal of Computer Networks & Communications
37. Mockapetris P (1988) Development of the Domain Name System. ACM SIGCOMM Computer Communication Review, Association for Computing Machinery (ACM)
38. Moskowitz R (2008) Host Identity Protocol. RFC 5201, Network Working Group
39. MTanase (2011) IP Spoofing: An Introduction. Erstveröffentlichung: 2006, SecurityFocus
40. Nordmark E (2009) Shim6: Level 3 Multihoming Shim Protocol for IPv6. RFC 5533, Network Working Group
41. Park S (2007) Fast Localized Proxy Mobile IPv6 (FLPMIPv6). draft-park- netlmm-fastpmip-00.txt, Internet Draft
42. Perera E (2005) Survey on Network Mobility Support. Department of Electrical Engineering and Telecommunications, UNSW, CSIRO ICT Centre und National ICT Australia(NICTA), Sydney, Australien
43. Postel J (1980) User Datagram Protocol. RFC 768, ISI
44. Rasem A (2011) O-PMIPv6: Optimized Proxy Mobile IPv6 . Department of Systems and Computer Engineering, Carleton University, Ottawa, Ontario, Canada
45. RAtkinson (2009) ILNP: mobility, multi-homing, localised addressing and security through naming. telecommun Syst (2009) 42, Springer Science+Business Media
46. Riegel M (2007) Mobile SCTP - Transport Layer Mobility Management for the Internet. Internet-Draft, Network Working Group
47. Rueckelt T (2014) A concept for vehicle internet connectivity for non-safety applications. 2014 IEEE 39th Conference on Local Computer Networks Workshop, IEEE
48. Schünemann B (2011) V2X simulation runtime infrastructure VSimRTI: An assessment tool to design smart traffic management systems. Computer Networks, ScienceDirect

49. Soliman H (2004) Mobile IPv6: Mobility in a Wireless Internet . Part Two - Chapter Three Mobile IPv6, Adison-Wesley
50. Sousa (2011) A Multiple Care of Addresses Model. 6. IEEE symposium on Computers and Communications, ISCC 2011
51. Sousa (2011) A study of multimedia application performance over Multiple Care-of Addresses in Mobile IPv6. 2011 IEEE Workshop on multiMedia Applications over Wireless Networks, MediaWiN 2011
52. Stewart R (2007) Stream Control Transmission Protocol. RFC 4960, Internet Engineering Task Force (IETF)
53. Torrent-Moreno M (2003) A Performance Study of Fast Handovers for Mobile IPv6. Proceedings of the 28th Annual IEEE International Conference on Local Computer Networks, IEEE
54. Travasoni A (2005) Multihoming in Mobile IPv6. WP2- Integration of Heterogneous Networks, The Daidalos Consortium
55. Tsirtsis G (2011) Flow Bindings in Mobile IPv6 and Network Mobility (NEMO) Basic Support. RFC 6089, Internet Engineering Task Force (IETF)
56. Tsirtsis G (2011) Traffic Selectors for Flow Bindings. RFC 6088, Internet Engineering Task Force (IETF)
57. Wakikawa R (2009) Multiple Care-of Addresses Registration. RFC 5648, Network Working Group
58. Weiwei X (2005) Multihoming Support for Mobile IPv6 Networks. 6th IEEE International Conference on High Speed Networks and Multimedia Communications HSNCM'03, Faculty of Electrical Engineering, Mathematics and Computer Science, Unversity of Twente
59. Yousaf (2008) An Accurate and Extensible Mobile IPv6 (xMIPV6) Simulation Model for OMNeT++. 978-963-9799-20-2, Association for Computing Machinery

Printed in the United States
By Bookmasters